KB234768

# 세계의 환경

극복해야 할 인류의 과제

# 세계의 환경

## 극복해야 할 인류의 과제

황유정 지음

# 머 리 말

이 책은 인류가 극복해야 할 환경문제를 전 세계에서 발생하는 과정과 미래의 대응방안의 측면에서 다루었다. 인간과 자연환경이 상호작용하는 공간에서의 환경문제는 학생들이 쉽게 이해할 수 있도록 단순화시켰으며, 기초 자연현상의 개념과 사회경제체계와 연결하여 이해해야 한다는 관점에서 서술했다.

제1장에서는 환경론을 다루었다. 인간을 둘러싸고 있는 유형무형의 모든 객체인 환경은 인간생활에 영향을 미치며 모든 인간활동의 지표 공간이다. 인간은 원시시대부터 환경을 접하면서 그 이용과 적용에서 탁월함을 발휘해왔다. 또한, 고도의 지식과 과학기술의 도움으로 환경 안에서 자유롭고 적극적으로 적응해왔다. 기술의 개발로 모든 환경문제를 해결할 것으로 기대하기도 했다. 화석연료 사용으로 인한 문제를 해결하기 위해 원자력발전을 증가시켰으나 핵폐기물, 방사능 오염 문제에 직면하게 되었다. 그러나 환경기술이 부분적인 해결에는 기여했으나 더욱더 복잡한 환경문제를 가져오기도 한다. 자연환경이 파괴되면 인간이 살 수 없다는 주장은 더는 설명이 필요하지 않다. 그런데 인간이 불편함을 감수하면서까지 자연환경을 보호하고 생태계의 순환체계 중심으로 살아야 하는가? 환경문제의 중심과 해결은 인간을 위한 것이지 환경일 수 없다. 인간의 생존과 미래가 달린

환경문제는 이전 세대가 직면하지 않았던 인류의 새로운 과제이다.

제2장에서는 온실가스를 다루었다. 자연적 온실효과는 대기가 형성된 이후부터 지구에서 살아가는 생명체들의 삶에 근본이었다. 온실효과가 없다면 지구는 현재보다 약 30℃ 낮은 얼음 덩어리일 것이다. 가장 중요한 온실가스는 수증기이며 그다음이 이산화탄소이다. 입사되는 단파의 태양 복사는 대기권을 통과해 지표로 투과되며 이러한 에너지는 흡수되고 지표 기온을 상승시킨다. 하지만 지표에서 방출되는 장파의 복사는 온실가스에 의해 대기권 밖으로 투과되는 것이 억제된다. 하지만 산업혁명 이후 이산화탄소 농도가 증가하면서 지구 평균 기온의 증가를 가져왔다. 온실가스의 증가에 의한 기온의 증가로 기후변화가 예측된다. 그러면 상승한 기온이 우리의 건강, 환경, 경제에 어떤 영향을 줄 것인가?

제3장은 인간이 인위적으로 삼림을 제거한 역사와 현재도 일어나는 벌채에 관한 환경적 측면의 중요성을 다룬다. 인간은 우선 시야를 확보하기 위해 삼림에 불을 질렀다. 이어서 벌채목적은 배의 건조, 토기제조와 화목이었다. 15세기 이후 유럽인들은 식민지의 확대, 다른 지역의 탐방, 노예무역을 위해 배가 필요했다. 토기를 굽기 위해 목재를 사용했는데, 재식림이 되지 않으면 도시는 황폐화되었다. 시리아에서는 BC 마지막 세기에 부르게스 항구가 실트로 차서 인구가 이동해야만 하는 사건이 일어났다. 탄광개발과 금속채굴을 위해서도 화목이 필요했고 연속적인 벌채로 이어졌다.

제4장에서는 종의 다양성과 멸종위기를 취급했다. 수많은 식물, 동물, 미생물의 종이 육지와 해양에 존재한다. 태양에너지를 가지고 무기물과 유기물 사이에서 탄소와 질소가 순환하고 경관을 변화시키며

먹이사슬을 구성하고 변화해 왔다. 생태계의 각 종은 환경과 상호작용한다. 한 종의 멸종은 다른 종에 영향을 주고 불균형을 초래하며 결과적으로 생태계에서 여러 기능이 수행되지 못한다. 종이 멸종되면 지구 생물권에서 그 종이 하던 기능은 영원히 종식되고 이를 대체하는 것은 불가능하다. 과학자들은 170만 생물 종을 기록하고 묘사하지만 아직도 종의 정확한 수에 대해 알지 못하고 그 역할과 잠재력에 대한 것은 더욱 그렇다. 지금 우리는 제6 멸종시대(the sixth extinction)를 맞았다고 지적한다. 멸종의 속도가 빠르게 증가하고 미래에 멸종되는 속도가 새로운 종이 생성되는 속도를 능가하는 대멸종의 시기를 의미한다. 열대 우림에서의 유전적 다양성을 가진 동식물은 여러 질병을 치료할 수 있는 물질을 제공하기 때문이다. 열대우림의 파괴로 인해 원주민의 문화가 상실되고 단위면적당 가장 많은 생물 종을 가진 지역이 위협받고 있다. 어떻게 종의 멸종속도를 늦출 수 있을까?

제5장에서는 인간과 에너지에 관해 다루었다. 에너지는 인간이 생활하는 데 필요한 기본적 필요요건이다. 에너지와 관련된 환경이슈에는 화석연료, 지구기후변화, 산성비와 대기오염이 있다. 재생 가능한 에너지원에는 수력, 조력, 태양에너지 등이 있으며 재생 불가능한 에너지원인 화석연료도 매장량규모로 보면 40~200년 정도만 인류가 사용할 수 있을 것이다.

제6장에서는 교통과 환경을 다루었다. 인간은 기본적인 활동인 이동을 위해 운송수단을 사용한다. 인간의 이동은 환경에 비용을 지불해야 된다. 교통은 중장기적으로 자연환경, 인공환경, 개인 생활을 비롯 지구온난화에도 크게 영향을 준다. 또한, 교통은 자연환경에 자원사용, 폐기물 발생, 지표점유로 영향을 주며, 환경적 측면에서

대기, 소음, 공해와 관련된다. 교통으로 인한 주요 환경문제들은 육지, 대기, 물, 자원에 주는 영향이다.

선진국의 교통정책 결정자들은 육지, 공기, 물, 자원에 대한 교통의 영향에 대한 연구를 통해 기술적·행태적 해결방법의 결합이 필요함을 지적하고 있다. 더 어렵고 새로운 기술을 추구하기보다는, 시민들의 행태적 변화(behaviour change)가 보다 더 직접적 영향을 제공할 수 있다.

제7장은 농업과 환경을 다루었다. 농업은 자연 생태계를 개조한 인위적 시스템이다. 안정적인 식량의 공급은 인구 정착과 인구증가를 가져왔다. 1950년대 초까지 계속적으로 인구증가에 따라 경작면적이 증가하고 삼림지와 초지가 경지로 전환되었다. 또한, 농업생산성증가로 단위면적당 생산량이 증가했다. 1300년대에는 헥타르당 0.1톤이 생산되었는데 1980년대에 헥타르당 1톤의 밀이 생산되었다. 농업 생산성 증가는 비료, 제초제, 방충제, 관개, 종자개량에 의한 결과이며, 토양과 수질, 인간의 건강에 준 영향을 무시할 수 없다.

제8장은 수자원과 인류의 문제를 다루었다. 산업화와 도시화에 의한 인구증가는 물 수요의 증가로 이어졌다. 반면에 26억의 인구가 위생이 부족한 물을 사용하는 비위생적인 환경에서 생활한다. 지역적 인구 1인당 물 사용량은 편차가 커서 북미의 주택 지역에서는 1인당 350리터이지만 사하라 남부 아프리카 지역은 1인당 10~20리터이다. 매년 8,000만의 인구가 증가하고 있으며, 생활패턴의 변화로 개인당 좀 더 많은 물을 소비하게 될 것이다. 물의 수요와 공급의 차가 증가하면서 세계 여러 지역에서 지역 간 수자원의 갈등이 커질 수 있다.

제9장에서는 산성비를 다루었다. 1852년 A. Smith에 의해 환경에 주는 영향이 제기되었을 당시보다 광범위하게 호수·하천의 산성화,

식생과 토양의 피해가 보고되었다. 산성비의 원인물질은 발생지역으로부터 500~1,000km까지 이동하여 월경성 환경문제를 유발시킨다. 동북아시아지역의 한국·중국·일본은 계속적인 에너지 소비량 증대로 말미암아 주요 산성비 피해지역이다. 스칸디나비아 국가들과 영국, 독일의 갈등이 있었고, 미국에서 기원하는 산성퇴적물은 캐나다동부 14,000개의 호수가 산성화되어 어류의 종 다양성을 감소시킴으로 문제해결을 위해 협조하고 있다.

제10장의 사막화는 전 세계 지표의 1/3의 건조생태계에서 일어나고 있는 현상이다. 사막화는 여러 요인이 작용하는 복합과정이며 기후에 따라 다른 속도로 진행된다. 자연사막이 아닌 지역에서 토양관리가 잘못됨으로 토양의 악화가 심화된 것이다. 심각한 문제는 사막화는 상당히 진행되고 나서야 주민과 정부가 관심을 가지게 된다는 것이다. 또한, 특정지역이 사막화 이전의 생태계에 관한 정보가 없는 경우가 많다. 과학자들은 사막화를 멈추게 할 수 있는지에 대해 아직도 확신이 없어 다양한 복구책을 시도하고 있다.

제11장의 지속 가능한 발전은 1980년대 세계보전전략(world conservation strategy)에서 개념이 유래되어 1987년 브룬트란트 보고서(Brundtland Commission)에 의해 등장했다. 이는 생태계와 경제체계의 결합을 강조한다. 미래세대가 그들의 필요를 충당할 능력을 희생하지 않고, 현재 세대의 필요를 충족시키는 발전의 개념이다. 구체적으로 적용하는 자원을 효율적으로 사용하고 폐기물(제12장), 오염(제13, 14장)을 줄여 정화능력과 보조를 맞추는 방향으로 발전시키려는 것이다. 모든 국가는 지속 가능한 발전을 각국의 경제개발의 수준과 조건에 맞추어 적용하려고 노력하고 있다.

## CONTENTS

머리말  4


## Part 1
# 환경이론

인간과 환경  19

자연계의 순환  20

지질시대사  21

환경체계  22

자연환경에 대한 태도  23

현대환경사상  24

환경문제는 왜 발생하는가?  28

환경기술에 대한 기대  31

환경문제에 대한 시각  31


## Part 2
# 온실가스

온실효과  37

온실가스  38

기후변화  41

지구온난화에 대한 대책  45

국제탄소시장과 청정개발  48

기후변화난민  50

## Part 3
# 삼림벌채

산업화와 벌채  57
삼림벌채의 영향  59
삼림벌채의 원인  60
열대우림의 중요성  60
브라질의 아마존  63
아시아의 삼림벌채  69


## Part 4
# 생물 종 다양성 위기

생태계의 다양성  79
종 다양성의 중요성  79
무엇이 종 다양성을 결정하는가?  80
생물 종 관련 용어와 멸종  81
생물 종 다양성의 감소원인  82
희귀 및 멸종 위기 종  83
생물 종 보존  84
우리나라의 생물 종 유출  86
생물 종 다양성 협약과 양생동식물에 관한 협약  88

## Part 5
# 에너지와 환경

에너지 수요 증가  93

신자원 민족주의 경향  94

산유국의 정정불안과 정유용량  95

기후변화와 에너지안보  96

수력  98

풍력  108

태양에너지  112

생물연료  114

조력  115

지열  117

원자력발전  119


## Part 6
# 교통과 환경

교통 관련 환경효과  129

교통과 생물권의 영향  140

혼잡통행료 정책  140

## Part 7
# 농업과 환경

녹색혁명　148
가축사육의 대량화　153
지하수 오염　154
관개증가　155
제초제, 방충제　157
생명공학(Biotechnology)　161
수경(Aquaculture)　162


## Part 8
# 수자원과 환경

물의 위기　167
인구 일인당 물 사용량　167
위생적인 식용수　170
국제하천　173
물 관련 분쟁 해결방법　173

## Part 9
# 산성비

수생태계에 주는 영향  180
산성비와 질소  180
산성비와 삼림  181
산성비와 미생물  182
지렁이와 산성토양  183
산성비와 자동차  183
산성비와 문화재  183
인간에 주는 피해  184
산성비와 지역갈등  184
호수 하천의 복원  188

## Part 10
# 사막화

지구적인 사막화 모니터링  194
사례지역  195
사막화에 의한 피해  200
생태학과 사막화  201

**Part 11**
# 지속 가능한 발전

인간의 사회경제적 체계  207
부의 축적과 환경임계점  208
지속가능지표  208
환경경제학  209
환경운동의 국제화  211
에코포인트  214


**Part 12**
# 폐기물 관리

폐기물의 원천과 분류  219
유해폐기물의 국제적 이동
(International movement of hazardous waste)  223
폐기물을 줄이는 방법  224

**Part 13**
# 수질오염

수질오염개선　231
물 발자국(water foootprint)　232
수질오염 물질의 종류　233


**Part 14**
# 대기오염

대기오염 배출원　241
대기오염물질　241
주요 대기오염 사건　244
실내공기 오염　245
한국의 대기오염과 대책　246

Part **1**

# 환경이론

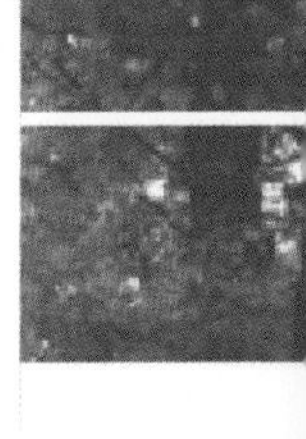
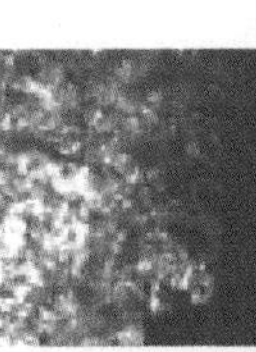

# 인간과 환경

환경은 정의가 '두르다, 에워싸다'의 環과 장소를 의미하는 境으로 구성된다.

즉, 주체를 둘러싸고 있는 유형무형의 모든 객체를 환경이라 하며 인간을 둘러싸고 있는 유형무형의 모든 객체이며 인간생활에 영향을 미치게 된다.

인간은 본래 환경을 접하면서 관찰을 통해 그 이용과 적용을 생각하며 원시시대부터 탁월함을 발휘해왔다. 인간의 이용은 생존을 위한 미개 사회나 인간의 도구사용과 기술발달이 고도화된 산업화 사회에서도 지속되고 있다. 환경은 인간의 생존에 필요한 모든 것을 공급하며 모든 인간 활동의 지표공간이다. 따라서 인간은 환경을 떠나 생존할 수 없다. 인간은 고도의 지식, 과학기술을 바탕으로 환경 안에서 생물보다 자유롭고 적극적으로 적응해왔다.

환경은 구체적으로 자연환경과 사회환경으로 나뉜다.

자연환경은 우리를 에워싸고 있는 기권, 수권, 암석권, 생물권으로 구성할 수 있다. 대기권은 태양 복사에너지에 의해 공기의 유동이 일어나는 권역이며 각종 기상 및 기후 현상이 이곳에서 발생한다. 수권은 물의 순환이 일어나는 권역이며 암석권은 지표면을 구성하는 암석과 광물질로 이루어지며 풍화가 일어나고 토양이 생성되며 계속적으로 지표면의 모습이 변화한다. 이들 각 권역은 에너지와 물질의 유동을 통하여 유기적으로 연결되어있다.

사회환경은 인간사회의 질서와 능률을 향상시키기 위해 만든 인공적 환경으로 공공시설, 건물, 문화, 교육, 산업, 교통 등이다.

# 자연계의 순환

## ■ 물의 순환

물은 지표에 매우 불균등하게 분포한다. 99% 이상의 물은 해양, 호수, 빙하로 갇혀 있거나 지표면 아래 암석에 저장되어있다. 담수 중에서 3/4은 빙하와 빙상에 얼음으로 존재한다. 수분량은 다양한 형태와 장소에 수천 년에 걸쳐 비교적 일정하게 유지되었다. 빙하시대에는 구성비율에 변화가 있어서 빙상이 성장하고 대기의 수증기량이 감소하여 해양의 크기는 작아지게 되었다. 간빙기 동안 얼음이 녹아 융빙수가 해양으로 흘러들어오고 대기의 수증기가 증가하면서 해양의 크기도 증가했다. 지구 전체 물에서 1% 이하의 적은 양을 차지하는 부분이 연속적인 이동과 변화를 하며 물 순환은 한 저장소에서 다른 저장소로 이동하게 된다. 물 순환은 물의 지형적 위치와 물리적 상태 모두에 있어서 끊임없는 교환이 이루어지는 운반 과정이다. 증발된 지구 표면의 물은 대기에서 수증기가 되고 이 수증기는 응결되어 물이나 얼음으로 지표에 다시 내려온다. 내려온 물은 저장소로 흐르고 다시 대기로 증발하게 된다. 증발하는 주요 근원지는 해양이다. 해양은 지표면의 71%를 차지하고 열과 바람에 의해 증발이 용이한 저위도 지역에서 광범위하게 일어난다. 증발된 후 대기에 남아 있던 수증기들은 대류를 통해 수직으로 혹은 바람에 의한 이류를 통해 수평적으로 상당한 거리를 이동할 수도 있다. 대기의 수증기는 액체인 물로 응결하거나 구름 입자를 형성하는 얼음으로 승화된다. 그 이후 강수로 떨어지며 지표면에 지중으로 침투하거나 토양수, 지하수로 지표에서 하천으로 유출되거나 해양에 이른다. 물 순환은 전체 용량은 변하지 않으며 개별 물분자의 순화에서 많은 변화가 발생한다. 순환을 통해 이동하는 어떤 물이라도 거의 지속적인 움직임이 있다.[1]

### ■ 에너지순환

태양은 근본적인 에너지원이며 모든 생물체가 의존한다. 태양 에너지는 엽록소를 함유하고 있는 식물과 박테리아에 의해 만들어진 유기물 생산작용, 광합성을 통하여 생물권의 생명활동을 촉진시킨다. 녹색식물의 광합성에 의해 에너지는 고정된다. 빛과 엽록소가 있는 곳에서 광화학 반응은 대기 중의 이산화탄소를 취해서 물과 결합하여 포도당으로 알려진 에너지가 풍부한 탄수화물을 형성하면서 산소 분자를 배출한다. 탄수화물은 동물들에게 먹히거나 미생물에 의해 분해된다. 초식동물은 호흡작용으로 탄수화물을 다시 이산화탄소로 변화시켜 공기 중으로 내보낸다. 나머지는 동물이 죽은 후 미생물에 의해 분해된다. 미생물의 호흡작용에 의해 분해되는 탄수화물은 결국 이산화탄소로 산화되어 대기 중으로 되돌아간다.

## 지질시대사

지질시대(geologic time)의 개념은 지질학적 작용들이 일어난 시간상의 광대한 시간범위이다. 지구는 46억 년 전에 존재했거나 공룡들의 시대는 1억 6,000만 년 동안 지속되었다. 로키 산맥은 6,500만 년 전부터 융기하기 시작했다. 이러한 시간 스케일은 아프리카와 남아메리카가 한때는 서로 합쳐졌다가 이동했음을 받아들일 수 있다.

---

1) McKnight의 자연지리학, 2011, Darrel Hess, (윤순옥 외 번역) 시그마프레스

# 환경체계

    환경구성요소들은 기능적으로 긴밀한 상호관계를 가지는 체계를 형성하고 있다. 구성요소들은 독특한 기능과 작용을 하며 이들이 상호조화를 이룰 때 안정된 환경이 유지되지만 균형과 조화가 파괴되면 이것이 바로 환경파괴로 이어져 환경문제가 발생한다.

    체계란 구성 요소들 간의 상관관계이며 현실세계에서 일어나는 현상들이 매우 복잡하게 얽혀 현실세계를 그대로 두고 파악할 수는 없다. 이를 이해하기 위해서는 그 속의 의미 있는 구성요소들을 끌어내 보다 단순화된 조직체, 즉 체계를 만들어 이를 토대로 현실세계를 파악해야 한다. 체계는 상호 유기적인 관련을 맺는 현실세계의 여러 요소들로 구성된 조직체이다. 인간의 환경을 물질이나 에너지의 유동으로 조직된 하나의 체계로 보고 이를 연구하려는 노력은 지리학에서 초올리에 의해 시작되었고 Schumm(1977), Huggett(1985) 등이 있었다. 산성비의 예를 들어 보자. 유황성분이 많은 화석연료를 태우면서 배기가스로 황성분이 배출되고 이는 대기권으로 이동하게 된다. 수증기의 응결과정을 거치면서 강우가 되어 수권을 거치고 식물, 동물, 또는 건축물에 산성이 강한 비의 형태로 영향을 주게 된다. 즉, 생물권으로 또는 토양의 암석권으로 이동하게 되는 것이다. 식물에 내린 산성비는 잎은 떨어 뜨리고 식물 자체를 고사하게 할 수 있으며 토양에 침투된 산성비는 토양 미생물을 감소시키거나 토양 내 많은 유기물, 무기물, 토양수에 영향을 줄 수 있다. 환경 구성요소들이 가진 기능과 작용에 다양한 변화를 일으키고 그 영향이 커지므로 기능을 마비시키고 균형과 조화를 파괴하여 환경문제로 이어지는 것이다.

# 자연환경에 대한 태도

## ■ 환경 결정론적 환경관

환경이 모든 인간의 행동을 규정하다는 사고이며 라첼, 셈플, 헌팅톤, 히포크라테스 등에 의해 주창되었다. 이 이론에 의하면 자연환경은 인간의 성격에 영향을 주어서 일사량이 많은 지역의 주민이 명랑하고 활동적이라고 주장한다. 그들은 남부 유럽인이 (북부 유럽인 보다) 정열적이고 다혈질인 것이나 브라질의 삼바축제, 멕시코인의 격정적 기질에 대해 기후여건과 관련시켜 설명한다. 한냉 건조한 지방 사람들은 코가 높고 뾰족하며 열대지방 사람들은 코가 낮고 납작한 것 등은 코의 형태가 기후 조건에 순화에 의한 것으로 설명한다. 에스키모는 지방질 소화능력이 온대지방 주민에 비해 2배 이상이며 손과 발에 흐르는 혈액의 양이 다른 지역주민 보다 많아서 추위를 견디기 쉬운 반면 열대 주민들은 땀샘의 수가 훨씬 많아서 체온상승을 방지할 수 있는 현상도 마찬가지이다.

## ■ 가능론적 환경관

Vidal de la Blache에 의해 주창된 이 환경관은 인간의 능동적 역할을 강조했다. 지표 문화와 인간생활의 다양성(상이성)이 지역 간 자연환경의 영향뿐 아니라 각 지역 나름대로의 가지는 사회적, 역사적 요소에 의해 달라진다는 이론이다. 블라쉬의 주장은 인간이 자연에 순화 적응하는 측면보다는 인간이 적극적으로 자연환경을 변화시키는 측면을 강조했다. 환경가능론은 인간과 자연환경과의 관계에 있어 인간의 역할을 능동적으로, 자연의 영향을 수동적으로 보고,

동일한 자연환경도 이용하는 인간의 문화 수준에 따라 그 영향이 달라진다고 본다. 즉, 환경이 인간에게 특정 조건을 제공함으로써 일정한 방향이 필연적으로 결정되는 것이 아니라, 환경은 다만 인간에게 자유로운 선택의 '가능성'을 제공할 뿐이다.

환경결정론에서도 물리적 환경이 사회적·경제적 요인, 문화적 전통을 포함하는 전체 환경 가운데 일부에 불과하다는 점과 사회와 환경 사이에 상호 영향력이 작용한다는 점을 인정하고 있어, 결정론과 가능론의 구별은 점차 불명확해지고 있다.

## 현대환경사상

### ■ 생태중심주의(ecoentrism)

인간은 지구라는 거대한 생태계의 일부를 구성하며, 자연과 유기적으로 연결되어 있을 뿐 아니라 서로 밀접한 관계를 맺고 있다는 환경 우선주의이다. 생태중심주의는 인간이 자연을 변화시키면 그 효과는 다시 인간에게 되돌아온다고 믿기 때문에 자연을 지배하는 대신 자연과 조화를 이루어야 한다고 보고 있다. 즉, 지구의 자원은 유한하며, 생산력 증대를 위한 인간들의 노력은 자연의 균형을 파괴하고 나아가 인간의 생존을 위협하게 된다.

1978년 영국의 기상학자 J. 러브록의 지구를 하나의 유기적인 생명체로 보는 가이아 이론이 대표적이다. 생태중심주의는 인간 중심적 자연관을 거부하게 된다. 인간을 포함한 모든 생물체는 상호 의존하고 있으므로 인간의 환경 파괴는 전체 생태계에 영향을 끼치게 된다. 이 주장은 인간과 인간 사이의 도덕적인 관계 설정이 아니라 인간과 자연 사이의 도덕적 관계를 설정할 것을 요구한다.

일체의 인공적인 기술이나 가공을 부정하고 원시 상태로의 회귀까지도 불사하는 극단적인 생태주의는 생태지향주의(ecocentrism)라 불린다. 이것은 일상적으로 말하는 생태주의와 기본 노선은 같지만 주장의 정도에서 차이가 있다. 생태주의자의 주장이 어떻게 자연을 이용해야 하는가와 관련된 것임을 알 수 있다. 결국 자연을 파괴하지 않는 합리적인 방안의 마련이 올바른 해결책일 것이다. 이는 인간의 자연 지배를 부정하는 것이 아니라 파괴를 동반하지 않는 적절한 수준의 지배를 뜻하는 것이다.

### ■ 기술중심주의(techno centrism)

서구 사회의 가장 지배적인 입장인 동시에 가장 강력한 힘을 행사하는 이익 집단의 견해이기도 하다. 기술중심주의는 환경문제를 부정하지는 않으며 환경문제가 시급히 해결해야 할 문제임에도 동의한다. 그러나 기술중심주의는 과학적인 분석에 입각한 환경 관리주의를 표방한다. 따라서 과학 기술은 폐기하거나 제한해야 할 대상이 아니라 지속적인 발전을 이루어야 할 대상으로 자리하게 된다. 물론 기술중심주의가 반드시 환경을 오염시킨다고 주장할 수는 없다. 왜냐하면 오염의 주범은 기술이 아니라 그 기술을 사용하는 인간에게 있기 때문이다. 그리고 과학 기술의 역사적인 발전성과를 볼 때, 기술 개발을 통해 앞으로 환경문제를 해결할 수 없다고 말하기 어렵다. 그러나 이런 주장이 옳다고 하더라도 기술중심주의가 환경 보존보다는 경제적인 발전이나 이익의 증대에 관심을 더 두고 있음은 부정할 수 없다. 기술중심주의는 과학 기술이 이룩한 성과와 과학 기술의 가치 중립성이라는 이데올로기에 기반하고 있다. 인류가 이룩한 과학 기술의 발전에 따른 물질적인 풍요와 인간 삶의 질 향상은 부정할 수 없는 엄연한 현실적 성과이다.

### ■ 수정주의(비판적 생태주의)

이 입장은 생태중심주의와 기술중심주의의 절충적인 성격을 가진다. 즉, 과학 기술의 가치 편향을 인정하고, 사회적으로 기술을 통제하지 않으면 환경론자들이 주장하는 생태계의 파괴나 인류와 생명체의 공멸이 다가올 수밖에 없다고 생각한다. 이윤의 극대화와 경제적인 효율성만을 강조하는 현대의 자본주의적 사회 질서가 개편되지 않고서는 환경문제의 해결은 불가능하다는 것이다. '환경과 후손을 생각하는 경제 개발'이 비판적 생태주의의 핵심 주장이다.

### ■ 성장의 한계론(limits to growth)

1972년 D.H. Meadows 등의 로마클럽학자들이 지구자원의 고갈을 예측하여 인구, 자원, 환경의 문제를 비관적으로 전망했다. 60년대 말 70년대 초 사회운동이 선진국에서 일어나 경제성장은 환경쇠퇴를 가져오며 영원히 지속될 수 없다는 주장이 대두되었다. 환경학자와 과학자들이 컴퓨터모델에 의한 시나리오로 인구, 자원, 경제활동 성장률을 예측한 결과 제한적 능력을 가진 지구의 자원 고갈로 더 이상 성장을 지탱할 수 없다는 것이다. 1900~2100년 대상으로 인구성장, 공해, 소득, 개인 식량소비 등의 변수를 선정하여 예측했다. 자원고갈, 식량부족, 공업화부진, 오염만연 등으로 성장을 하지 못하여 2050년을 고비로 인구가 감소할 것으로 전망했다. 인구수 증가로 일 인당 자원의 분배량이 감소하며 일 인당 분배량이 생명유지에 불충분하다면 평등한 분배는 인류의 자멸을 예고한 미래에 대한 경고였다.

이에 대한 비평은 '성장의 한계'가 과학적 기술적 혁신으로 극복될 수 있으며 경제성장은 이러한 혁신을 자극하면서 일어날 수 있음을 지적한다. 또한, 많은 사람들은 선진국의 성장과 개발도상국의 성장을 구별하지 않았다. 개발도상국의 일인 자원 사용량이 낮으므로 선진국의 인구증가가 개발도상국의 인구증가보다 환경적으로 더 많은 부담을 가져온다는 것이다.

### ■ 생존을 위한 청사진

물질 만능주의를 강요한 기존 가치체계를 재조정하며 삶의 정신적인 측면을 높이 평가하는 새로운 가치관이다. 미래 영국사회를 모델로 한 생존을 위한 청사진은 지방 분산화, 소공동체 우선주의에 기초한다. 대중의 생활수준은 하향 조정되어야 되며 질적인 생활수준의 향상을 도모한다. 새로운 기술은 덜 해로운 기술로 대체되어야 한다. 유기질 비료가 화학비료를 대체하고, 생물학적 해충 구제법이 살충제를 대체하고 공해발생이 적은 에너지자원으로 대체하는 것 등이다. 소규모 공동사회를 직접 통제함으로 생태계에 대한 악영향을 최소화한다는 것이다.

### ■ 작은 것이 아름답다

슈마허(E.F. Shumacher)에 의해 제기된, 인간 노동의 가치가 존중되는 생산체제이다. 현대의 가치관은 자본 집중적인 현대 기술이 가치가 있다는 것이다. 슈마허의 작은 것이 아름답다는 철학은 대중이 쉽게 소유하고 편하게 다룰 수 있으며 손작업과도 조화가 되는 간단한 기계의 발명을 장려한다.

불교경제학에서 자급자족을 통해 자신의 경제행위 및 그 결과를 모두 자신이 소화해냄으로써 사회적·환경적 피해를 줄이고자 하는 생활방식과 상통한다.

### ■ 다원론과 마르크스주의

다원론주의자들은 지속적인 개혁을 통해 사회 경제체계의 점진적 변화를 시도하려는 기능주의자들이다. 반면에 마르크스주의자들은 사회체계를 완전히 바꾸고자하는 사람들이다.

자본가와 노동자는 자원을 소유했는가 그렇지 않은가로 나누어져 대립한다. 마르크스주의자들은 점진적 사회개혁으로써는 환경문제가 해결될 수 없으며 오직 사회체계 전부를 일시에 바꿈으로써 그 해결이 가능하다고 생각한다. 환경문제를 포함한 사회적 문제는 사회체계의 불균형이나 작동하지 않음에서 발생하여 사회체계 전체에 스트레스로 나타나게 되고 그것으로 인하여 사회적 변화가 발생하는데 이익단체가 정치적 압력을 가함으로써 나타난다.

## 환경문제는 왜 발생하는가?

### ■ 공공재의 비극

공동으로 소유하는 자원의 과용과 남용이 환경문제를 초래한다는 것이다. 1968년 Garret Hardin이 Science지에서 처음으로 공공재의 비극에 대하여 언급했다. 나누어 써야 하는 제한된 자원을 사용하면서 그 누구도 인류에게 장기적으로 이익이 될 수 있는 관점에서 고려하지 않는 것이 환경문제를 발생시킨다는 이론이다.

유럽의 중세시대 토지소유에 기반한 상황을 예로 들었다. 목자들은 목축지를 나누어 쓰고 소들을 방목한다. 현재 사용하는 목자는 초지가 질이 떨어져 목초가 없어지는 상황에는 관심이 없다. 목자는 사육 두수를 늘리면서 이익이 늘린다. 모든 목자가 개인적으로 합리적·경제적 결정을 하고 행동하면 공공재는 없어지고 파괴된다.

오늘날 자원문제, 물, 어류, 재생 가능하지 않은 화석에너지 등 문제의 모델로 자리 잡았으며 그린 뱅크의 남획 연어의 생태계파괴, 아랄해 수자원고갈 등의 예를 들 수 있다. 공공장소의 폐기물 방기나 스팸메일 발송으로 오는 피해도 포함될 수 있다.

해결방법으로는 자원 사용자들이 상호이익을 위해 자원보전에 협력하고 정부규제가 공공재의 접근제어를 유도할 수 있다. 다른 해결법은 사유화하여 주인이 지속가능성을 강요하도록 인센티브를 주거나 인류의 공동자산으로 지정하여 세계문화유산으로 지정하거나 해양법협약, 우주법에 의한 제한을 두는 등이다. 그러나 오존층이나 어류자원은 사유화의 어려움이 있다.


### ■ 무소유론

물과 공기 등 자연은 누구에게도 소유권이 없으며 비용을 들이지 않고 얻게 되어 자유방임적이며 남용적인 패턴이 나올 수 있다. 기업체의 공장폐수가 발생하면 회사 측은 비용절감의 문제로 사회전체로서의 비용을 부담시키려 한다. 등산객이 산행하면서 폐기물을 처리하지 않은 문제, 가정의 합성세제 문제 등에서 개인은 편리성과 효율성을 누리지만 다수에 의해 장기간에 누적된 결과로 환경문제가 발생하는 특성이 있다.

### ■ 신 맬더스론(Neo-Malthusian Theory)

인구증가와 인구압에 의한 자원의 적절치 못한 이용과 남용이 환경문제를 야기한다는 이론이다. 말더스는 과잉인구가 인간의 고통을 가져온다고 주장했다. 인구증가는 기하학적이며 식량생산은 산술적이므로, 식량수요는 자원생산을 능가하여 사회가 전쟁, 가난, 기아에 이른다는 것이다. 신 맬더스모델이 암시하는 의미는 지구가 제한된 인구의 농업에 의해서만 유지되며 과잉인구로 빈곤, 기아가 발생한 주요 사회적, 경제적 결과라는 것이다. 신 맬더스이론에 대해 비판이 제기되었는데 식량의 가용여부는 불충분한 식량생산의 결과가 아니라 불충분한 분포에 기인한다는 것이다. 고갈자원에 대안을 개발하여 새로운 기술로 자원가용성이 변화한다는 것이다.

### ■ 기타 이론들

무지론(Ignorance)은 자연 순환 법칙에 대한 무지로 인간이 자연자원을 악용함으로써 의도하지 않는 결과를 초래하여 환경문제가 발생한다는 것이다. 잘못된 가치 평가론(poor valuation)은 자원에 대한 경제적 가치가 적절하게 인정되지 않음으로써 오는 남용, 과용에 관한 이론이다.

의존(dependency)이론은 특정 그룹에 의한 적절치 못한 자원 이용에 의해 환경문제가 발생한다는 이론이다. 힘이 있는 그룹의 영향에 의해서 자원 이용이 고무되고 강요되기 때문이라는 것이다. 남용론 (Exploitation)은 소비주의문화에 의해서 자원이 남용 또는 과용됨으로 환경이 파괴된다는 것이다.

자연에 대한 인간의 지배론(Human domination over nature)은 인간이 자연의 한 부분으로 존재하기보다는 그 위에 군림한다는 사고에서 행해지는 인간행태의 결과로 환경문제가 발생한다는 이론이다.

## 환경기술에 대한 기대

기술의 개발로 모든 환경문제를 해결할 것으로 기대하는 사조가 있었다. 자동차 매연이 대기오염을 가져오므로 전기자동차를 개발하여 대기오염의 해결을 시도했다. 이는 자동차 배터리의 충전문제 해결과 화석연료 사용으로 인한 문제해결을 위해 원자력발전을 증가시켰으나 핵폐기물, 방사능 오염의 문제에 직면하게 되었다. 환경기술은 부분적인 해결에는 기여했으나 더욱더 복잡한 환경문제를 가져오기도 한다.

## 환경문제에 대한 시각

자연이 파괴되면 인간이 살 수 없다는 주장은 너무나 당연하기 때문에 논리적인 설명이 더 이상 필요하지 않다. 그런데 인간이 현실적인 풍요를 버리고 불편함을 감수하면서 자연을 보호하며 살아야 한다는 것은 또 어떤 의미가 있는가? 인간은 살아가기 위해서 어떤 경우에도 인간 중심적인 자연관을 폐기할 수 없다. 문제는 기술을 어떻게 사용하느냐이지 자연을 위해 기술을 포기하는 것이 아니다. 다시 말해 환경문제의 중심은 인간이지 환경일 수 없으며, 환경문제가 우리가 해결해야 할 과제라면, 그것은 바로 우리 인간의 생존과 미래가 달린 것이기 때문이다.

Part **2**

# 온실가스

대기는 지구를 둘러싸고 중력에 의해 지구에 고정되며 낮은 고도에 집중되어있다. 대기의 주요 구성 성분은 질소와 산소이다. 질소가 78%, 산소가 21%를 차지하며 나머지 1%는 미량기체라 불린다. 이는 수증기, 이산화탄소, 오존 등이다.

## 온실효과

자연적 온실효과는 대기가 형성된 이후부터 지구에서 살아가는 생명체들의 삶에 근본이었다. 온실효과가 없다면 지구는 현재보다 약 30°C 낮은 얼음 덩어리일 것이다. 대기권 내에서 온실가스로 알려진 미량기체들은 태양으로부터 입사되는 단파 복사를 쉽게 투과시키지만 지표에서 방출되는 장파의 지표복사는 쉽게 투과시키지 못한다. 가장 중요한 온실가스는 수증기이며 그 다음이 이산화탄소이다. 입사되는 단파의 태양 복사는 대기권을 통과해 지표로 투과되며 이러한 에너지는 흡수되고 지표의 기온을 상승시킨다. 하지만 지표에서 방출되는 장파의 복사는 온실가스에 의해 대기권 밖으로 투과되는 것이 억제된다. 온실효과는 대류권에서 중요한 가열 작용의 하나이다. 온실효과가 없다면 지구의 평균기온은 -15°C가 될 것이다. 자연적인 온실효과는 생명을 유지시켜 주었다. 하지만 산업혁명 이후 이산화탄소 농도가 증가하면서 지구 평균 기온의 증가를 가져왔다.

# 온실가스

온실가스(Green House Gas)에는 이산화탄소, 수증기, 메탄, 이산화질소 등이 포함된다. 온실가스의 증가에 의한 기온의 증가로 기후변화, 기온의 상승이 예측된다.

이산화탄소는 화석연료를 연소하면서 발생되며 화석연료의 사용과 그 사용량의 증가는 이산화탄소 증가를 초래한다. 각국의 이산화탄소 배출은 표 1과 같다. 다음으로 삼림벌채에 의한 이산화탄소의 증가, 메탄 폐기물에 의한 배출, 농업활동에 의한 배출 등에서 이산화탄소가 증가한다.

## ■ 메탄

메탄은 습지에 자연적으로 존재하고 가축사육 등의 인간 활동으로 배출되거나 토양의 자연작용이나 대기에서의 반응으로 생성된다. 메탄의 대기 잔재주기는 이산화탄소보다 짧다. 메탄은 이산화탄소보다 복사에너지를 잡는데 효율적이어서 기후변화의 영향이 이산화탄소보다 20배 이상 크다.

## ■ 이산화질소

대기 중 질소순환 과정의 일부로 존재한다. 농업, 화석연료 연소, 폐수관리, 산업과정 등의 인간 활동에서 이산화질소가 배출되고 있다. 이산화질소의 승온 효과는 이산화탄소의 300배다.

표 1. 국가별 이산화탄소 배출

| 국가 | annual CO$_2$ emissions (in 1000 of metric tones) | % |
|---|---|---|
| world | 24,126,416 | |
| US | 5,844,042 | 24.3% |
| EU | 3,682,755 | 15.3% |
| China | 3,263,103 | 14.5% |
| Russia | 1,432,513 | 5.9% |
| India | 1,220,926 | 5.1% |
| Japan | 1,203,535 | 5.0% |
| Germany | 804,701 | 3.3% |
| UKingdom | 543,633 | 2.3% |
| Canada | 517,157 | 2.1% |
| SKorea | 446,190 | 1.8% |
| Italy | 443,018 | 1.8% |
| Mexico | 383,671 | 1.6% |

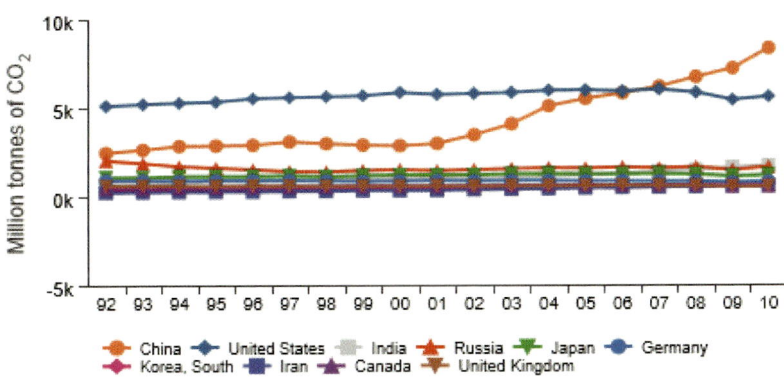


그림 1. 인간 활동에 의해 발생하는 온실가스의 지구적 규모

## ■ 배출원으로 분류한 온실가스

온실가스 배출 중에서 에너지원으로 부터의 배출은 26% 차지한 다(2004년). 전력생산과 열 생산을 위해 석탄, 천연가스 유류의 연소가 해당된다. 산업에서의 온실가스 배출은 19%로 화학, 금속 광물 처리과정을 위한 에너지소비이다. 토지이용변화와 삼림에서의 온실가스 배출은 17%를 차지하며 삼림벌채, 임지의 농지전화, 토양분해 등으로 배출되는 온실가스이다. 농업에 의한 온실가스배출 14%는 가축, 쌀 생산과 토양관리, 농업 잔재물 소각 등에서 배출된다. 교통분야 13%는 도로, 철도, 항공, 해상교통에 사용되는 화석연료연소이다. 교통에너지의 95%가 석유를 이용한다. (가솔린, 디젤) 상업용, 주거 빌딩분야의 8%는 빌딩의 유지와 가사의 취사용으로 사용되는 부분이며 폐기물과 폐수처리 3%는 매립지에서의 메탄 소각을 위한 화석연료이다.

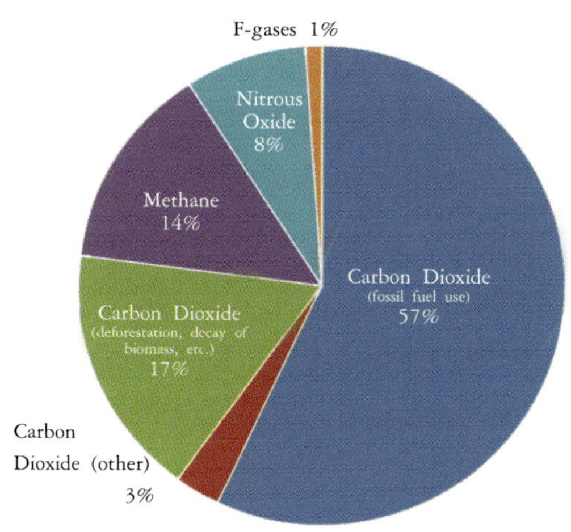


그림 2. 온실가스

삼림벌채에 의한 이산화탄소 배출은 50억 톤으로 화석연료에 의한 배출의 16%이다. 아프리카, 아시아, 남아메리카 등 주요 토지이용변화지역의 온실가스의 증가는 지난 2,000년 동안 대기에 집중되었다. 1750년 이후의 증가는 산업화시대의 인간 활동에 의한 것이다.

## 기후변화

### ■ 과거의 기후변화

지질시대를 통하여 기후는 큰 변화가 있었다. 빙하가 형성한 빙하지형이나 퇴적물을 보면 과거의 한냉했던 기후를 짐작할 수 있다. 현재 사막에서 도시의 유적이 발견되는 것은 그 지역이 습윤하여 농경과 인간생활에 적절했음을 말해준다. 지질시대의 기후를 보여주는 증거는 지층 속에 포함된 고생물의 화석이다. 생물은 그 당시의 기후에 적응하여 서식하였기 때문이다. 또한 지층에 있는 화분을 분석하여 기후 조건을 추정하기도 한다. 고토양도 과거의 기후변화를 보여준다. 수목의 나이테를 통해서도 습윤과 건조시기의 변화를 알 수 있다. 최근에는 산소동위원소에 의한 고수온 추정법이 알려져 해수 중에 들어 있는 산소 중 동위원소의 비에 따라 동위원소가 생물체 내로 들어가 골격이나 패각의 탄산칼슘 속에 고정된다. 해수의 온도가 낮거나 높아진 시기를 알 수 있다.

역사시대의 기후에 대해서도 중세에 해당되는 1,000~1,200년경은 최적기후시대라고 불릴 정도로 온난한 기간이었다. 그 시기 그린란드는 문자 그대로 녹색의 섬이어서 노르만인들이 건너와 경작하고 목장을 가지고 정주할 수 있었다. 그 후 기온은 하강하여 1430~

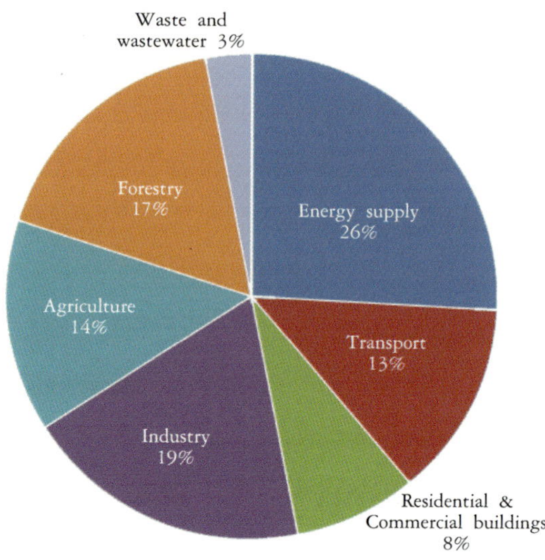


그림 3. 산업별 온실가스 배출

1850년에 걸쳐서 소빙기(little ice age)라 불리는 한냉기가 북반구를 덮는다.[1] 16세기는 최악의 기후였다. 알프스를 넘는 도로나 산중의 촌락이 빙하로 파괴되었다. 그린란드나 아이슬란드는 한냉하여 해수 온도도 현재보다 1~3℃ 정도 낮았다. 아이슬란드에서는 삼림이 모두 소멸하였다. 이디오피아의 산악은 겨울에 눈에 덮이기도 했다. 화가 브뢰겔(Pieter Brueghel)은 1439년 2월을 배경으로 "눈 속의 사냥꾼"이라는 작품을 그렸다. 플랑드르의 추운 겨울을 그린 것이다. 유럽 화가 마누엘 드 알메이다(Manoel de Almeida)는 1828년 이디오피아의 정상이 눈으로 덮여 있다고 보고하고 있다(현재는 눈으로 덮여 있지 않은). 17세기에 서아프리카 모리타니아에서 참나무 숲에

---

1) 김연옥, 기후변화

관한 보고가 있음은 기후가 현재보다 서늘하고 습윤했음을 나타낸다. 중국의 장시성에서 1654~1676년 서리 피해가 있는 겨울이 계속되어 수백 년 동안 재배되던 감귤과 오렌지를 포기하게 되었다.[2]

### ■ 최근의 기후변화

태양에너지, 해류의 이동 등과 같은 자연현상이 지구기후에 주는 영향도 있으나 지난 반세기 간의 기온상승은 특이하다. 지난 반세기의 기온상승은 인간에 의한 온실가스 방출이다. 많은 인간활동, 즉 화석연료연소, 삼림제거, 비료작물, 매립지폐기물, 가축사육, 산업생산품 생산, 농업, 도로건설 등이 변화를 가져왔다고 보고 있다.

온실가스 방출을 줄이지 않으면 기후는 변화할 것이다. 21세기 동안에 온난화는 계속되고 기후변화는 심화될 것이다. 과학자들은 기후모델로 미래 기후를 예측하는데 기온, 강수량, 해수면, 해수의 산성도 등을 적용한다. 지구 평균기온은 2100년에 16~20°C까지 상승할 것으로 예측한다. 그러면 상승한 기온이 우리의 건강, 환경, 경제에 어떤 영향을 줄 것인가? 해수면상승은 해안공동체와 생태계를 어떻게 변화시킬 것인가?[3]

### ■ 예상되는 현상

온실가스의 대기집중의 효과는 다음과 같은 현상이 예상된다.

지구 평균기온상승, 강수량패턴과 양의 영향, 빙하와 눈이 덮이는 면적의 감소, 영구동토층 감소, 해수면상승, 해양의 산성 증가 등이

---

2) Lamb, H.H. Climate, history and the modern world, 김종규 번역, 2004, 한울사

3) http://www.epa.gov/climatechange/images/science/ScenarioCO2.jpg

다. 이러한 변화는 먹이공급체계의 변화, 수자원 구조변화로 생태계
와 인간의 건강에 영향을 준다.

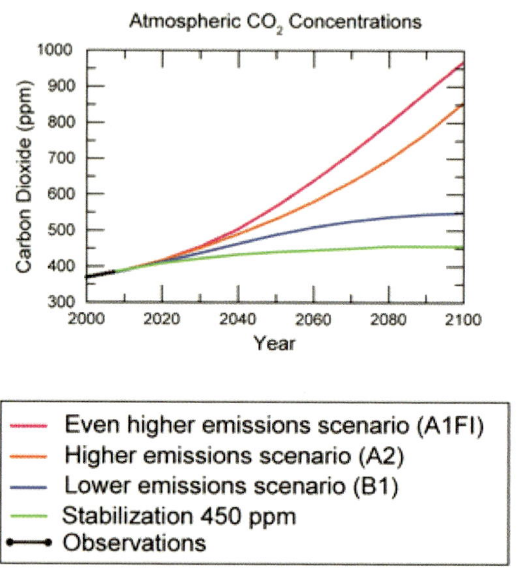


그림 4. 이산화탄소 변화추이 시나리오

　강수량 패턴과 강수량의 변화는 하천의 유량변화, 수자원공급, 수
질, 수력발전에 영향을 줄 것이다. 동식물의 지리적분포에 영향을
주어 이동과 번식 시기는 달라지며 온도상승으로 열파의 강도 기간
이 증가하며 노약자에게 건강위협이 될 것이다. 적응전략으로 수자
원보전의 강화, 열파에 대한 경고체계구축, 폭풍우에 대한 대비전략
등이 고려된다.

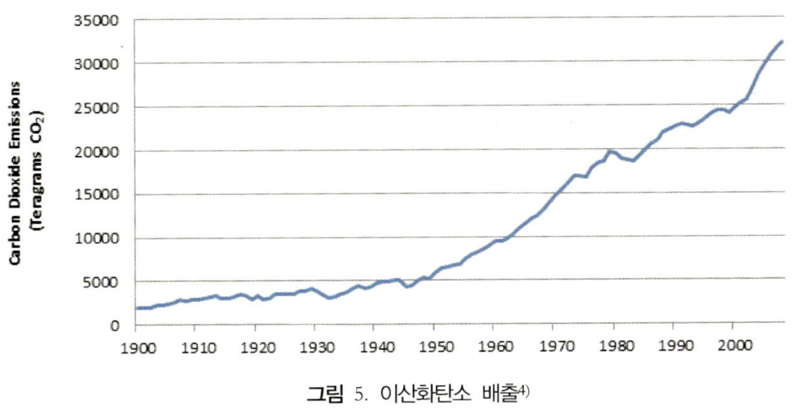


그림 5. 이산화탄소 배출[4]

### ■ 날씨 패턴의 변화

3인치 크기의 우박이 이슬라마바드에 내려서 식물의 가지를 파괴했다. 우박에 의해 식물이 꽃을 필 수 없어 밀 경작지 반 이상이 파괴되었다. 수확한다하더라도 동물사료로서만 사용 가능 할 것이다. 파키스탄 기상학자들은 the Potohar region에서 3월에 내리는 강수패턴이 변화한 것이라고 주장한다. 우박은 지표온도와 대기권의 급작스런 요란으로 파키스탄에서 자주 발생한다.[5]

## 지구온난화에 대한 대책

대기과학자들의 대부분은 지구 기후가 온난화되고 있고 인간 활동이 이 기후변화의 원인일 가능성이 크다는 IPCC의 결론을 받아들인다. 그러나 정치, 경제, 공공정책의 분야에서 지구온난화에 관한

---

4) EPA

5) *The Express Tribune, April 22nd, 2013.*

대책으로 인류가 무엇을 해야 하는가에 관한 내용에 있어서는 의견의 일치를 보이지 않는다.

## ■ 유럽지역

EU의 기후변화 정책 목표는 지구평균 기온을 산업시대 이전에 비해 2°C 상승 이내로 억제하는 것이다. 또한 이 목표를 위해서는 대기 중 $CO^2$ 농도를 약 450ppm 이하로 안정화시켜야 하는 것으로 분석하였다 실제로는 2℃ 상승의 경우도 생태계와 인류사회에 미치는 영향이 막대한 것으로 연구되었다.

현재 EU는 지구 차원의 기후변화정책을 선도하고 있다. 자체적인 노력만으로는 2℃ 목표를 달성할 수 없기 때문에 선진국 뿐만 아니라 중국, 인도, 브라질 등의 온실가스 대량배출국들을 국제기후변화정책에 참여시키려 한다. 국제사회의 기후변화정책을 주도하고 조기에 온실가스감축노력을 실시함으로써 저탄소 관련 기술경험을 축적하여 미래의 저탄소사회에서 지도적 위치와 산업경쟁력을 구축할 계획이다 지구평균 기온상승을 2℃ 이내로 억제하기 위한 목표를 달성하기 위해서는 온실가스감축대책이 기술적으로 타당해야 하고 세계 각국이 감축비용을 감당할 수 있어야 한다.

대기 중 $CO^2$ 농도를 550ppm으로 안정화시키는 시나리오는 큰 비용 없이 기존 기술을 온실가스감축이 가능한 여러 가지 기술들로 유연하게 대체할 수 있는 것으로 평가된다. 반면에 400ppm 시나리오는 기술대체의 유연성이 낮고 비용이 많이 드는 경우이다.[6]

---

6) Sunday Snaps: April 21, 2013

한편 유럽이 저탄소사회의 실현을 위해 가장 중요시하는 대책은 에너지효율 향상과 재생에너지개발이다. 기존 연료를 탄소배출량이 없거나 적은 연료로 전환함으로써 연료부문의 $CO_2$ 배출량을 46억 톤에서 16억 톤으로 감축할 계획이다. 특히 발전부문에서는 재생에너지개발로 2050년까지 $CO_2$ 배출량을 70% 감축할 예정이다. 재생에너지와 바이오매스 이용, 바이오매스 에너지의 적극적인 활용 없이는 온실가스감축 목표를 달성할 수 없는 것으로 평가되고 있다. 기후변화정책에서는 원자력의 이용확대도 중요하다. 그러나 그 역할이 크게 강화될 것으로 전망되지는 않는다. 왜냐하면 원자력발전의 안전성에 대한 문제제기 때문이다.

### ■ 미국

최대 온실가스 배출국이다. 미국의 온실가스 감축정책은 소극적인 행정부와 입법부에 대해 시민사회단체의 개입과 사법부의 적극적 개입으로 EPA에게 '청정대기법'을 가지고 온실가스 규제를 집행하도록 촉구되었다. 연방정부와 의회와는 다르게 지방 정부와 지역공동체들은 적극적으로 온실가스 규제정책을 마련하였다. 동부지역 RGGI와 서부지역 WCI를 통해 배출권거래제를 도입하는 등 온실가스 규제정책이 마련되었다.[7] 배출감소를 위한 각 주정부의 다양한 정책과 에너지 표준제시, 에너지효율계획, 스마트성장, 이니셔티브 등을 통해 발전소와 산업시설에서 온실가스배출을 줄이는 표준을 제시하고 있다.

---

7) 김용건 외, 2012, 주요국 온실가스 감축정책 동향 및 시사점, 한국환경정책평가연구원

■ **중국**

제1위 온실가스 배출국이며 최대 오염원에 해당된다는 오명을 벗어나기 위해 재생에너지의 확대를 통한 에너지구조의 개선, 에너지절약, 온실가스 감축정책을 추진하고 있다. 석탄 위주의 에너지구조인 중화학 공업이 산업의 기반으로 저탄소, 친환경구조로 전환하기는 어렵다. 2014년까지 베이징, 상하이, 후베이성, 광동성, 톈진, 충칭, 선전 등 지역별 탄소 배출권거래제의 시범사업을 벌이고 있다. 탄소세 제도는 현재 논의 중이며 중앙정부의 목표 수립과 정책마련과 지방단위의 목표설정과 사업 추진이 동시에 진행되고 있다. 하향식 집행구도로 지방 정부의 성장정책과 이견을 보이기도 한다. 주민의 탄소배출 저감에 대한 인식이 낮아 주민들의 협력이 정책 집행과 실현에 방해요인이 될 것으로 보인다.

## 국제탄소시장과 청정개발

국제탄소시장은 기후변화체제의 통합을 위해 제안된 제도 중의 하나다. 저탄소경제로 나아가기 위한 가장 핵심적인 대책으로는 국제탄소시장을 상정해두고 있다. 탄소시장은 국제사회의 정책적결정에 의해 탄생되는 시장이며 따라서 이를 통하여 온실가스감축을 비용효율적으로 달성해 나가기 위해서는 탄소시장의 수요와 공급을 잘 조정할 수 있도록 효율적인 관리체제를 구축해야 하며 이를 위해서는 탄소시장에 참여하는 각국 정부의 합의가 필요하다.

탄소시장을 통하여 민간회사들이 온실가스감축을 비용 효율적으로 수행할 수 있다. 현재까지 탄소시장을 위해 개발된 2가지 핵심제도는 청정개발체제(Clean Development Mechanism)와 배출권거래제(ETS: Emission Trading Scheme)이다.

CDM이란 교토의정서의 부속서에 온실가스감축의무국으로 분류되어있는 선진국과 시장경제전환국들이 비부속서국가, 즉 개발도상국의 온실가스 감축사업에 기술과 자금을 투자하여 사업을 수행하면 선진국과 개발도상국이 온실가스감축실적에 해당하는 만큼의 배출권을 공유할 수 있도록 한 제도이다. CDM은 선진국의 자금과 기술이 개발도상국으로 이전하는 것을 장려함으로써 개발도상국의 지속가능한 발전을 지원하고 선진국이 개발도상국에서 수행한 저비용의 온실가스감축실적을 자국의 감축실적으로 인정받게 함으로써 전체적인 온실가스 감축비용을 절감할 수 있도록 하기 위한 제도이다.

CDM 이외에 배출권거래제(ETS)가 있다 세계 각 지역 및 모든 부문의 ETS와 탄소시장을 연계하여 단일가격으로 배출권을 거래할 수 있으면 경제적인 측면에서 온실가스감축을 가장 비용 효율적으로 추진할 수 있다.

국제배출권거래제를 구축하는 데에는 하향식과 상향식 2가지 방식이 있다. 하향식은 다국 간 협상을 통하여 정부차원에서 배출권거래를 하게 되며 각국의 국내문제는 관여하지 않는 방식이다. 배출권거래제의 가장 이상적인 하향식방식은 세계 전체의 배출 총량 상한선을 정하여 실시하는 것이다. 이 경우에 탄소시장은 기후변화 완화정책의 일부분으로 다루어지게 된다. 그러나 세계의 각 지역은 경제와 사회 및 문화가 서로 달라 탄소배출 여건이 서로 다르며 결과적으로 각 지역의 배출량 상한선을 합리적으로 도출하는 것은 극히 어려운 문제이다.

상향식은 국내 또는 지역차원의 배출권거래제로부터 출발하여 국제 배출권거래제로 통합해가는 방식이다. 뉴질랜드, 호주, 스위스, 미국, 캐나다 및 일본 등이 배출권거래제를 시행 또는 추진하고 있다. 지역차원의 배출권거래제도 추진되고 있는데 미국 동부의 RGGI(Rerional Greenhouse Gas Initiative), 미국 서부의 WCI(Western Climate Initiative), 중서부의 MCA(Midwestern Greenhouse gas Accord), 일본의 도쿄 및 교토지역배출권거래제 등이 그러한 사례들이다.

국제탄소시장이 기후변화완화대책의 기능을 수행하기 위해서는 미국, 아시아 및 호주 등의 세계 각 지역에서 추진되고 있는 배출권 시장들이 서로 연계되어야 하며 이를 지구차원의 온실가스 감축대책과 연결시킬 수 있어야 한다.

배출권거래제를 지구차원의 온실가스감축대책을 연결하기 위해서는 하향식배출권거래제를 추진하여 온실가스 감축노력을 극대화하는 것이 좋다. 또한 상향식방식으로 추진되고 있는 지역적 배출권거래제에 의해서도 온실가스배출량의 상당량을 감축할 수 있으므로 지금의 CDM과 같은 방식으로 지역의 감축노력을 흡수할 수 있도록 해야 할 것이다.

## 기후변화난민

기후변화적응에서 가장 중요한 2가지 문제는 기후변화로 인한 난민의 발생과 식량의 생산 및 분배에 대한 통제가 될 것이다. 유엔난민기구 기후변화협약 유엔개발계획 세계은행 등의 국제기구들은 기후난민을 위한 독립적인 국제기구의 창설과 난민의 보호 및 재정착에 관한 의정서

(Protocol on the Recognition, Protection, and Resettlement of Climate Refugees), 약칭기후 난민의정서(climate refugee protocol)에 대하여 논의하고 있으며 기후난민을 위한 아래의 5가지 원칙에 합의하였다.[8]

- 첫째, 기후난민에 대한 대책은 급작스러운 재난이나 비상시를 위한 것이 아니라 장기적으로 수십 년에 걸쳐 수행될 수 있는 계획적이고 자발적인 대책이 되어야 한다.
- 둘째, 기후난민은 그들을 받아들인 국가와 지역의 영구적인 이민자로 취급되어야 한다.
- 셋째, 기후난민체제는 국가나 지방정부의 전체 인구를 하나의 그룹으로 하여 관리되어야 한다.
- 넷째, 기후난민에 대한 국제적 관리체제는 국가 밖의 사람들을 보호하는 것이 아니라 정부나 지방정부차원의 국가적 기관이 자국 내의 자국민 보호와 같은 대우를 하여야 한다.
- 다섯째, 기후난민보호는 세계 공동의 문제로서 세계가 함께 책임을 져야한다. 대부분의 기후난민은 가난하고, 과거의 온실가스배출에 대한 책임이 작은 사람들이다.

유엔 등이 제안하고 있는 기후난민의정서는 새로운 행정기구를 창설하는 것이 목적이 아니며 앞으로 수십 년 이상 발생할 것으로 예상되는 수백 내지 수억 명의 기후난민을 위한 대책을 마련하는 것이라고 한다. 기후와 관련된 복잡성을 고려하면 하나의 기구를 창설하는 것보다는 의정서를 이행하는 여러 기구들의 네트워크를 구축하는 것이 바람직하다고 논의되고 있다. 기후난민을 다룰 국제기구

---

8) Frank Biermann and Ingrid Boas. 2008, Protecting Climate Refugees: The Case for a Global Protocol, *Environment and policy for sustainable development*, Nov.-Dev

와 기금의 창설은 기후변화의 영향이 심화될 것으로 전망되는 2050
년까지 기다릴 수 없는 실정이며 사태악화를 방지하기 위해서는 체
제적이고 조직화된 조치를 조기에 취하는 것이 시급하고 지금 당장
시작해야 할 것이다.

　유엔은 현재 약 8억 명의 인구가 식량이 부족한 환경에 놓여있다
고 추정하고 있다.[9] 식량이 부족한 원인을 단순하게 진단하기 어렵
지만 식량이 부족한 곳은 사회경제적 및 자연적인 요인이 있다는 점
은 분명하다. 그리고 기후변화 영향은 그러한 사회적 여건을 더욱
악화시키는 쪽으로 작용할 것이다.

　특히 기후변화로 인한 농업영향이 클 것이다. 기후변화가 농업에
미치는 영향은 지하수 고갈, 강수량 변화감소 및 작물생장기간의 감
소의 3가지로 요약할 수 있으며 이들은 모두 농업생산량을 감소시
키는 요인이다. 기후변화에 관한 IPCC의 제4차 평가보고서는 지구
평균기온이 2~3℃ 상승하면 2020년까지 농업생산량이 50%까지 감
소할 것이라고 경고한 바 있다.

　기후변화영향은 선진국보다는 경제와 사회체제가 취약하여 기후
변화에 대한 대책마련에 여유가 없는 개발도상국에서 더 크게 나타
날 것으로 예상된다. 따라서 기후변화 적응을 위한 대책은 선진국들
이 중심이 되어 재원과 기술 등을 마련할 필요가 있으며 기후변화협
약의 적응 및 식량안보의정서(Adaptation Food Security Protocol)도
그러한 노력의 일환이다.

---

9) UN Human Rights Council, *Report of the Office of the United Nations High Commissioner for Human Rights on the relationship between climate change and human rights*, U.N. Doc. A/HRC/10/61 (Jan. 15, 2009)

Part 3

# 삼림벌채

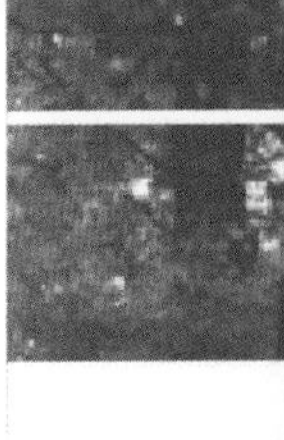
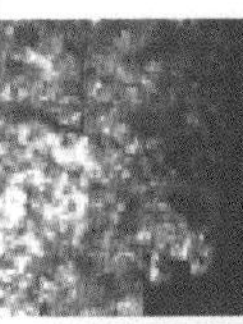

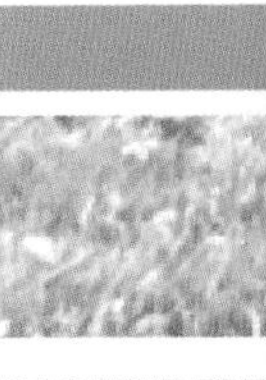

수천 년 동안 인간은 삼림을 벌채해왔다. 중석기에 나타난 삼림벌채의 증거로 사냥을 위해 접근 면적을 확대하고 시야를 확보하기위해 삼림에 불을 질렀다. 영국에서 발견된 참나무의 화분분석 자료에 의하면 삼림지대로 울창했던 나무의 수종을 알 수 있으나, 현재는 근처에서 수종을 발견할 수 없다.

벌채목적은 배의 건조, 토기제조와 화목이었다. 15세기 이후 유럽인들은 식민지의 확대, 다른 지역의 탐방, 노예무역을 위해 배가 필요했다. 예를 들면 넬슨의 트라팔가 로얄 해전에서는 배의 건조를 위해 6,000그루의 참나무가 필요했다. 스페인에서 많은 벌채가 이루어졌으며 이는 경제에 영향을 주어 식민지 개척을 유도하여 콜롬버스가 미지를 향해 나가고 결국은 아메리카를 발견하게 된다.

소아시아 지역에서 배의 건조나 토기를 굽기 위해 목재를 사용했는데 이어서 재식림이 되지 않으면 도시는 황폐화되었다. 시리아에서는 BC 마지막 세기에 부르게스 항구가 실트로 차서 안 워프로 인구가 이동하는 사건이 일어났다. 리에즈 위에 있는 상류계곡에서 목축을 하게 되면서 하류는 퇴적층으로 덮이게 된 것이다.

특히 탄광개발과 금속채굴을 위해서도 화목이 필요했고 연속적인 벌채로 이어졌다. 200년 북미대륙 개척 역사시기에 벌채된 면적이 2,000년 유럽역사 동안의 벌채 면적보다 많다고 보고되고 있다.

## 산업화와 벌채

영국 스튜어트지역에서 숲을 대규모로 사용함에 따라 삼림훼손을 가속화시켰다. 19세기 중반에 프러시안 정부는 삼림이 제거된 후 사구로 둘러싸이게 되는 큐로니언 스핏을 구하기 위해 식림사업을 시도했다. 19세기 후반부터 유럽에서는 농지를 확대하려 삼림벌채의 속도가 증가했다. 미국의 삼림벌채는 19세기 초에 뉴잉글랜드에서 절정에 달했었고 오대호지역은 19세기 말이 절정이었다. 연료, 도로건설, 종이와 가구제조, 상업적 산업발달, 농경지 확대, 인구증가에 따른 주거지 확보 등이 삼림을 위협했다.

2007년 3월의 보고서에 의하면 유럽과 북미지역은 삼림지역이 증가하고 있으며 대부분의 개발도상국들은 계속적으로 삼림면적이 감소하고 있다.[1] FAO 보고서는 삼림 관리측면에서 긍정적인 효과가 나타난다고 보고하고 있다. 그러나 가난하고 갈등이 많은 국가에서는 삼림벌채가 계속되고 있으며 산불에 의해서도 삼림지역이 피해를 받고 있다. 아시아지역은 2000~2005년 사이에 삼림면적이 증가했고 동부아시아에서 중국이 식림사업에 투자하여 다른 지역의 벌채를 상쇄했다. 유럽, 캐나다와 미국에서는 삼림면적이 증가하고 있다.

현재의 주요 벌채원인은 농지의 확대와 가축의 사육을 위한 것이다. 전 세계에서 30%의 면적인 98억 8백만 에이커가 삼림지역이다. 1995~2000년 사이에 삼림지의 3%가 사라졌다. 열대에서는 라틴아메리카와 캐리비언지역이 가장 높은 벌채율을 보인다. 지구 삼림의 16%를 차지하는 아프리카는 1990~2005년 사이 9%의 삼림을 잃었고 라틴아메리카와 캐리비안은 지구 삼림의 50%를 차지하는데 2000~2005년 사이에 매년 0.5% 감소하고 있다. 이는 1990년대의 0.46%를 상회하는 것이다. 인공위성자료에 의한 추정에 의하면 지난 1970

---

1) associated press march 13, 2007

년대에 11~15million ha, 1980년대에 12.2~14.2million ha의 면적이 벌채되었다. 특히 열대우림지역의 인구증가로 벌채 속도가 가속화되고 있다. 1960~80대 사이에 세계 열대우림의 20%가 파괴되었고 1990년대 들어와 매년 55,000~120,000sq km 규모가 파괴되고 있다. 이러한 벌채 속도에 의하면 2090년이면 열대림은 완전 제거될 것이다.

## 삼림벌채의 영향

종 다양성의 저수지이며 모든 종의 서식지인 삼림이 제거되는 것은 생태계에 많은 영향을 주며 지역의 기후를 제어하는 역할에도 변화를 준다. 열대우림에서 식생이 뿌리내린 토양층이 침식에 취약해질 수 있어 강수에 의한 토양유실이 보고되고 있다.

1950대에 히말라야 지역에서 벌채가 행해진 후 갠지스강, 브라마투라강 유역의 퇴적물의 양이 증가된 사례도 보고되었다. 삼림벌채 후 수년 안에 토양의 비옥도가 80% 저하됨이 보고되었다.[2] 삼림은 스폰지와 같이 강수를 품고 있다가 정규적 시간간격으로 내보내다가 삼림이 없음으로 홍수와 가뭄의 악순환이 와서 청정수 공급의 차질도 보고되었다.[3]

2005년 유엔 **FAO** 연구보고서에 의하면 지난 백년 간 삼림면적의 감소에도 주요 홍수의 범위와 빈도가 변화하지 않았으나 벌채에 의해 작은 규모의 홍수와 표토유실을 초래했다고 나타난다. 그러나

---

2) Drew,D.,1983, Man-environment processes, Allen & Unwin

3) Butler,R., A Place Out of Time: Tropical Rainforests and the Perils They Face, www.mongabay.com

2007년 보고서는 벌채가 파괴적 홍수의 발생과 그 정도에 영향을 주었다고 결론지었다. 대대적인 벌채가 강수의 감소와 주변삼림의 건조증가를 가져올 수 있다고 보고되고 그 영향은 지역 외부로 확대되어 농업과 유역에 다시 영향을 준다고 보고되었다. 건조화 된 삼림은 산불에 취약하다. 엘니뇨에 의해 건조화 된 인도네시아, 브라질, 콜롬비아, 플로리다 삼림지에서 1997, 1998년 산불이 발생하여 수백만 에이커를 불태웠다.[4]

## 삼림벌채의 원인

지역별 삼림벌채의 주요요인을 보면 라틴아메리카 지역은 목축, 인구이동, 농지확대, 도로건설, 인구압, 불평등한 사회구조 등이다. 아프리카 지역은 연료채취, 벌목, 농지확대, 인구압으로 삼림이 제거된다. 동남아시아지역은 부패, 농지확대, 인구압이 원인이다. 1960년대와 1990년대 사이에 남부아시아의 삼림지는 66%에서 49%로 감소(저지나 고지, 맹글로브 해안 등에서)되었다.

## 열대우림의 중요성

열대우림은 종 다양성과 삼림의 질 측면에서 온대기후에서 자라는 식생과 아주 다를 뿐 아니라 세계 생태계의 미래가 열대우림에 달려있으나 아주 취약하고 위협받고 있다. 열대우림의 종 다양성은

---

4) FAO website

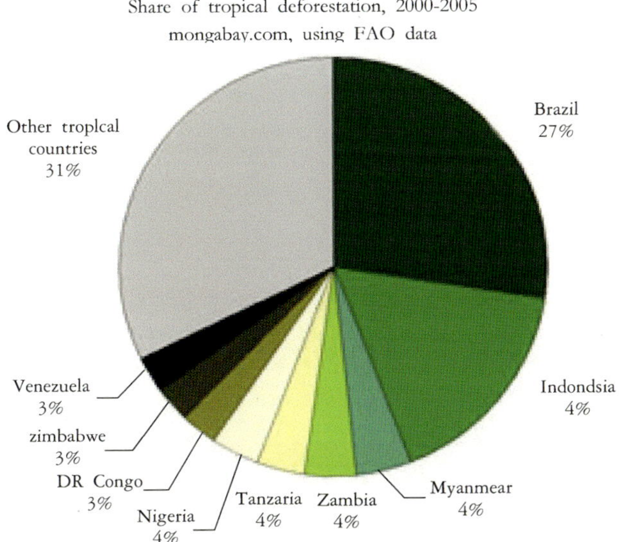


**그림** 1. 열대우림 벌채[5]

1ha 면적 안에 50~200종 이상의 동식물을 가진다는 점에서 중요하다. 온대림은 ha당 10종 정도를 가진다. 따라서 과학자들에게 알려진 동식물의 2/3 이상의 종을 열대우림에서 발견할 수 있다.[6] 열대우림이 보유하는 종은 3,000만 종으로 예상한다(사실상 열대식물과 동물의 종의 수는 완전한 것은 아님).[7]

종 다양성을 고유종으로 한정하면 더 놀랍다. 식량과 의약품의 원천이 될 잠재력을 고려하면 열대 우림에 있는 종들이 큰 가치가 있으므로 잘 관리되어야 한다.

---

5) Deforestation: Encyclopedia II - Deforestation - History and Historical causes

6) www.mongabay.com

7) Whitmore,T.C.and J.A.Sayer, 1992,Tropical deforestation and species extinction

동물과 식물은 먹이사슬로 서로 영양과 생산과정에 연결되어있다. 식물의 화분과 씨를 퍼뜨리는데 곤충, 새, 어류까지도 관련된다. 따라서 어느 한 종이 사라지는 것은 이 연결고리(먹이 연쇄)에서 다른 여러 종의 멸종을 가져올 수 있다.[8]

**표** 1. 국가별 삼림 면적[9]

| Main countries | Cambodia | Indonesia | Laos | Malaysia | Myanmar | Philippines | Thailand | Viet Nam |
|---|---|---|---|---|---|---|---|---|
| 총면적 area(km2) | 181,000 | 913,000 | 237,000 | 330,000 | 677,000 | 300,000 | 513,000 | 330,000 |
| 60년대 | 135750 | 1422909 | 165900 | 273047 | 440050 | 150000 | 256500 | 181500 |
| % | 75 | 74 | 70 | 83 | 65 | 50 | 50 | 55 |
| 80년대 | 113250 | 1179140 | 124600 | 200420 | 311850 | 66020 | 149600 | 56680 |
| % | 63 | 62 | 53 | 61 | 46 | 22 | 24 | 17 |

모든 열대림은 광대한 양의 식생으로 연 평균 성장량이 25~30톤/ha 이다. 이것은 냉대림의 3배 이상 이며 참나무 숲의 2배 이상이다. 열대림이 척박한 토양에서 자라지만 태양열, 풍부한 강수량과 많은 생물자원이 분해되는 과정을 통해 생태계에서의 기능이 중요하다. 박테리아와 균사 같은 분해자의 역할로 질소, 인, 철분 같은 동물과 식물에 필수적인 물질이 공급된다. 따라서 ha당 생물체량(biomass)이 500톤이 넘으며 이는 온대림보다 아주 우월하다.[10]

유전적 다양성을 가진 열대림은 수권(hydrosphere)과 탄소(carbon) 순환에 주요한 역할을 한다. 아직도 수권, 탄소순환의 특성과 중요성에

---

8) Collins,N.M..,J.A.Sayer and T.C.Whitmore, 1991,The Conservation Atlas of Tropical Forests

9) De Koninck 1999, Deforestation in Vietnam, IDRC

10) Whitmore, 전게서

대해 논쟁 중 이지만 열대우림의 감소는 강우유형에 영향을 줄 것이라는 견해가 일반적으로 받아들여지고 있다. 삼림은 증산과 증발을 통해 강수로 받은 수증기의 1/2에서 3/4을 대기권으로 돌려주고 있다. 이러한 강수는 대부분의 온대지역에 내리는 것보다 평균적으로 많다. 일단 열대림이 제거되면 수권 순환에서 수증기의 양이 감소될 것이다. 게다가 표면유출이 가속적으로 증가하여 재앙의 수준이 될 것이다.

열대우림의 생태적 위약성은 부분적으로 일단 삼림이 제거되었다는 사실에 기인한다. 열대우림이 토양 깊숙이 뿌리가 발달하지 않고 키가 크므로 토양이 쉽게 침식된다. 삼림이 제거되면서 강한 열대 강수에 부딪힌 표토는 빠른 속도로 제거된다. 열대우림은 센 강수의 영향력을 효과적으로 차단하며 흡수할 수 있다.[11] 대부분의 열대우림 지역 국가들에서 삼림 벌채가 일어난 후의 그 영향에 대해 충분히 인식되지 않고 벌채가 행해진다. 따라서 삼림과 토양보호를 위한 관리정책과 식림정책이 제대로 이루어지지 않는다.


## 브라질의 아마존[12]


1960년대부터 브라질은 아마존유역을 개발하기 시작했다. 바가스 대통령은 아마존 개발의 필요성을 역설하여 정부가 계획을 수립하고 아마존 개발을 위한 개발주체가 생기면서 삼림벌채가 광범위하게 시작되었다.

1960년대 이전에는 브라질의 아마존삼림은 접근이 어려웠다. 1970년

---

11) Collins 전게서

12) www.mangabay.com

에 아마존을 통과하는 고속도로를 건설하여 상업적 벌채가 가능해
졌다. 또한 국제 소고기가격이 인상되면서 소고기의 방목을 위한 벌
채가 가속화될 수 있었다. 당시 1964년 브라질 법은 개발자에 의한
토지소유를 인정하기 시작했으며 일 년간 효과적으로 경작하는 것
을 보이면 토지소유를 주장할 수 있어 이는 개발에 인센티브가 되어
광대한 면적의 삼림이 제거되기 시작했다.

1970년대 아마존을 통과하는 고속도로로 수천 명의 농부가 서부
로 이동하여 방목을 시작했다. 특히 노동력이 많이 요구되지 않는
방목이 선택되었다. 아마존 삼림을 통과하는 고속도로변 삼림지는
목장으로 개간된 것이다. 브라질에서 1966~1975년 사이 30% 벌채
는 농업에 의한 것이며 38%가 가축사육을 위한 목적이었다. 1990~
2001년간 유럽의 육류는 40~74%가 브라질로부터 공급되었다. 소
고깃값의 상승으로 이익을 획득할 수 있었으며 브라질이 부채를 청
산하는 길이 되었다. 그 기간 동안에 잉글랜드, 스코틀랜드, 웨일즈
를 합한 면적만큼의 열대우림이 제거되었다.

브라질 화폐가 저평가되면서 육류가격을 2배 올리는 효과를 가져
오고 이는 사육지 확대로 이어졌다. 그러나 소 사육은 환경 친화적
이 아니다. 가축에 의한 메탄방출은 이산화탄소보다 20배 많은 지구
복사열을 잡을 수 있는 능력이며 한 마리의 소는 130갤런의 메탄을
매일 방출한다. 1995~1998년 사이에 가난한 농부들이 삼림지를 개
간하면 소유권을 주어 5년 후 매도할 수 있도록 했다. 15만 명의 농
부들이 삼림지 개간에 나섰다. 개간 후 1~2년 지나면 생산성이 악
화되고 농부들이 소득을 유지하기 위해 새로운 지역을 벌채하는 악
순환을 계속했으며 1995년 삼림벌채의 48%는 가난한 농부에 의한

제거되었다. 1966~1975년 사이 매년 토지의 가치가 100% 증가함에 따라 농부들의 소유권 주장은 증가하였다.

## ■ 콩 경작을 위한 벌채

콩의 국제 거래 가격상승으로 남미지역이 콩 경작지화 되었다. 미국에 이어 제2의 콩 생산국이 된 브라질은 카길 회사에 의해 콩 생산지가 확대되었다. 맥도날드는 콩 생산품을 소와 닭에 먹이므로, 패스트푸드 산업이 성장할수록 가축의 양과 콩 생산이 증가했다. 두 개의 고속도로인 로도비아 벨렘 브라질리아와 퀴이바 포르토벨호는 아마존 삼림벌채를 위한 접근성을 제공한 주요한 고속도로이며 20년간 200만 명이 열대우림지역에 정착할 수 있었다.

과학자들은 브라질 삼림벌채가 2003년경 절정에 이르렀다고 보고했다. Mato Grosso 주 삼림의 20% 면적이 제거된 것이다. 2005년 콩 가격이 25% 하락하자 Mato Grosso 주에서 벌채면적은 감소되기 시작했다. 즉, 농산물 가격의 상승과 하락에 따라 육우와 목재 가격 동향이 변화하면서 삼림벌채 면적도 영향을 받은 것이다. 위성사진을 촬영하여 열대우림 바이옴의 면적을 측정한 자료에 의하면 2004년 아마존유역에서 삼림제거율이 정점에 도달한 후 감소하고 있다. 2009년 7,000평방킬로/년의 삼림이 제거되었는데 이는 2004년에 비하면 75% 감소한 면적이다.

목탄을 쓰는 오븐도 많은 목재가 필요하므로 브라질 정부는 Tailandia에서 800개의 불법적 오븐을 제거했다(매달 2,300그루 나무 소비). 정부는 목재산업의 허가제를 도입하여 삼림파괴를 막으려 하고 있으나 불법 벌목이 진행되고 있다.

## ■ 기후변화와 열대우림

브라질의 열대우림 벌채에 대를 중요하게 다루는 이유 중에 하나는 전 세계적인 기후변화를 가져올 수 있다는 것이다. 열대우림은 대양 다음으로 이산화탄소 교환과 흡수에 중요하다. 최근의 조사에 의하면 아마존의 열대우림 벌채가 현재의 온실가스 배출에 10% 정도 책임이 있다는 것이다. 문제는 삼림이 계속적으로 제거되고 목재를 태워 대기에 이산화탄소의 양을 증가시킨다는 것이다.

1987년 19,300 평방마일의 열대우림이 Mato Grosso주에서 불탔다. 5백만 톤의 탄소와 4천 4백만 톤의 일산화탄소, 수백 만 톤의 질산염과 해독한 화학물질이 대기로 배출된 것이다. 브라질 열대우림은 생물학적으로 아주 다양한 지역의 하나이다. 수많은 식물과 동물의 종을 가지며 많은 종이 분류되지 않고 알려지지도 않고 있다. 나무에 있는 탄소는 생태계에 필수적이며 브라질 지역의 기후와 세계 기후에 주요한 역할을 한다. 삼림의 제거로 동물의 서식지가 위협받고 멸종되므로 유전자 풀(pool)을 감소시키므로 미래의 기후변화에 적응하는데 필요한 유전자 다양성을 감소시킬 수 있다. 아마존 열대우림은 과학연구와 의학연구에 필요한 수많은 자원의 보고이며 에이즈, 암과 다른 질병 치료에 필요한 물질을 발견할 수 있는 장소이다.

열대우림은 지구에서 가장 오랜 생태계이다. 열대림의 식물과 동물은 계속 진화되어 아주 다양하고 복잡한 생태계로 발전되었다. 따라서 세계 다른 지역에서는 발견이 안 되는 고유종이 많다. 열대우림지역에 생태계 종의 90%가 서식하며 아마존 열대우림은 8개국이 국경을 접하여 세계에서 가장 큰 하천유역이다. 세계 하천의 1/5의 수량을 가지며 담수종과 조류의 다양성이 가장 높다. 300종 이상의

포유류(대다수의 박쥐와 rodents)가 서식하고 3,000종 이상의 담수어
종, 1,500종 이상의 조류가 발견된다. 다양한 종간의 상호의존이 지
배적이어 생물학적 상호의존성은 삼림 내에서 여러 형태로 일어난
다. 따라서 어느 한 종의 멸종은 다른 종의 생존을 약화시키거나 위
협할 수 있다. 특히 주요 종(keystone species)의 한 종이 멸종되는 경
우 전체 생태계의 기능 파괴로 이어질 수 있다.

### ■ 원주민과 열대우림

원주민들은 수 세기 동안 열대우림에 고립되어 거주했으므로 개
발에 의한 삼림의 제거는 원주민의 생활에 막대한 영향을 준다. 열
대우림은 그들의 집이며 식량, 주거, 연료 등을 공급하는 자원이며
문화적 유산을 지키며 여가를 보내는 공간이다.

삼림벌채는 목재를 수출하므로 생태계를 보호하는 토양을 제거하
고 사막화되거나 퇴적물 유실로 하천에 영향을 줄 수 있다. 브라질
의 금광개발에 의한 삼림제거로 수은오염이 증가했다. 수은오염이
먹이사슬에 영향을 주어 야생동물과 하천에 피해를 주었다. 또한 댐
의 건설로 삼림이 제거되면서 담수어종의 이동과 유실도 발생했다.

1980년대에 브라질 삼림 벌채는 이산화탄소, 종 다양성 감소, 생
태계파괴의 측면에서 가장 심각한 지구 이슈였다. 1992년 리오 정상
회의에서는 삼림벌채를 기후변화의 측면에서 다루었다. 기후변화를
가져오는 온실가스 감소를 위해 브라질과 같은 국가에게 열대우림
을 유지하도록 인센티브를 주어야 한다는 논의를 이끌어냈다.

루이즈 룰라대통령은 아마존을 돌보는 것은 브라질의 책임이라고
강조하면서(2006년) 브라질의 삼림벌채가 세계 온실가스 배출의 20%

정도 기여한다는 것을 인식하여 개발도상국 삼림벌채와 파괴를 막는데에 대한 재정적 보상을 제안했다.

### ■ 벌채속도의 감소

2004년 이후 정부의 간섭과 경제 트렌드에 따라 브라질 삼림벌채 속도는 절반으로 감소했는데 이는 대규모의 공원 조성, 자연 박물관 natural reserves 건립 등에 의한 것이다. 2005년 9,000 평방킬로 면적의 삼림이 제거되었는데 2003년에 18,000 평방이었던 것에 비해 감소했다. 브라질의 실바 대통령은 생물에너지에 관한 국제회의에서 2,000만 ha의 보전 유니트로 삼림을 보호하며, 보다 효율적 연료생산으로 삼림제거의 속도를 2004년 이후에는 삼림벌채의 속도가 50% 정도까지 감소되었다고 보고했다. 자연박물관과 공원과 같은 보호구역은 2015년경까지 10억 톤의 탄소 배출을 막을 수 있을 것으로 보고되었다.[13] 2005년과 2006년 사이에는 벌채율이 41% 하락했으나, 브라질은 아직도 지구에서 가장 넓은 삼림이 제거되는 국가이다. 2007년 7월 브라질 실바대통령은 브루셀의 생물에너지 국제회의에서 정부의 목표는 에탄올과 바이오디젤을 생산하고 보호구역을 확대하여 벌채율을 계속 감소시키는 것이라 보고했다.

### ■ 국제적인 노력

삼림벌채 면적을 감소시키기 위해 많은 재정적 지원을 필요로 한다. 국제사회는 그들에게 경제적 인센티브재원을 증가시켜야 한다.

---

13) 브라질의 삼림에 관심을 가지고 연구하는 다니엘 네스타드(우즈홀 연구소의 과학자) 등도 이에 대해 긍정적으로 보고 있다.

자연을 위한 세계펀드(World Wide Fund for Nature)는 개발업자들의 삼림관리와 모니터링을 위해 5억 4천 7백만 달러의 재원이 필요하다고 주장하며, 2015년까지 아마존에서 삼림벌채를 완전히 중지시키기 위해 노력하고 있다. 그린 피스와 Nature Conservancy 등과 함께 강력한 공공정책을 추진함으로써 벌채율의 목표를 달성하려 한다. 주 정부와 연방정부를 통해 환경 NGO와 사기업 부문에서 지속가능한 아마존개발을 추진하려 하고 있다.

## 아시아의 삼림벌채

남부아시아 국가들의 경제 성장의 속도는 유럽 등의 산업화 국가보다 느리지만 인구밀도가 높아 자원에 대한 압력은 더욱더 크다. 16세기부터 유럽경제의 성장은 유럽 이외의 지역에서 자원을 획득함으로써 성취되었다. 기본적으로 세계경제 체계가 산업국가와 다국적기업에 의해서 계획된다. 그들은 개발도상국에서 자연자원을 얻으므로 열대의 목재와 플란테이션 작물에 대한 압력은 크다. 삼림자원의 주요 공급자들도 캐나다, 러시아, 미국이 아니다. 사실상 산업화된 국가들은 그들의 삼림을 보호하고 관리하며 최근에는 삼림면적이 증가하고 있다. 예를 들면 프랑스는 19세기에 시작되고, 미국은 20세기 초에, 일본은 1950년대부터 삼림을 보호 관리하고 있다. 반면에 1950년대부터 남부아시아의 삼림이 제거되기 시작했다.

### ■ 베트남

베트남의 주요 지리적 특성은 국토가 남북으로 길게 뻗어있다는

것이다. 폭은 좁으나 북에서 남으로 2000km 이상이다. 위도로는 8
-23도로, 본질적으로 열대에 있으며 해안선이 5,230 km이며 송홍강
과 메콩강의 델타와 좁은 해안평야가 있다. 국가는 산지가 많아 고
원과 구릉이 전 국토의 3/4이다. 내륙은 다양한 열대림으로 종이 다
양하며 해안을 따라 맹글로브 삼림이 나타난다. 베트남에는 12,000
종 이상의 식물종과 800종의 이끼류(mosses), 600종의 버섯, 276종의
포유류, 820종의 새, 180종의 파충류, 80종의 양서류, 472종의 담수
어류 등이 알려져 있다.

베트남인들의 문화와 역사를 통해 삼림과 내륙지역이 황폐화된
과정을 알 수 있다. 역사적으로 산지와 삼림지는 내륙에 분포하며,
삼림은 소수민족에게 문화의 장소였다. 베트남의 34개 종족 중 가장
인구규모가 큰 킨(kinh)은 다른 남부아시아 주민들과 같이 저지에서
특히 해안과 델타지역에서 농경에 종사해 왔다. 프랑스 식민정부는
소수민족들이 거주하던 내륙 고원지대로 킨족의 이주를 장려하며,
개척한 후 정착하도록 했다. 소수민족들은 산지에서 이동경작을 하
며 생활했다.

1920년대 베트남은 프랑스 식민지하에서 킨의 거주지역이 중앙고
원으로 확장되었다. 이러한 계획은 고산 소수인들을 정착시키려는
의도였다.[14] 1930년대 혁명군들은 삼림에 숨으며 프랑스와의 전쟁
을 준비했다. 게다가 남 베트남 정부는 북에서의 피난민, 즉 가톨릭
인들을 중앙고지에 정착시켰다. 1975~1976년 통일 후에 중앙취락
의 확장은 저지로부터 주변산지로 향했다.[15]

---

14) De Koninck 1999, Deforestation in Vietnam, IDRC

15) De Koninck and Déry 1997

　　베트남의 삼림자원은 1943~1993년 사이 심하게 훼손되었다. 1943년과 1993년 사이 50년 간 삼림면적이 43%에서 20%로 감소했다. 예측치가 조금씩 다르지만 16%로 예측하는 경우도, 10% 이하로 보는 경우도 있다. 물론 삼림훼손의 원인은 높은 인구성장과 인구압, 개발수요, 에너지 수요, 농업용수 필요성 등이다. 사실 많은 사람들은 이동농업이 삼림 훼손에 책임이 있다고 주장한다. 그러나 베트남에서는 이러한 주장에 대한 근거가 충분치 않다. 이러한 주장은 특히 프랑스 식민 통치시절에 소수종족들의 원시 파괴적 생활이 삼림을 파괴해 왔다는 것이다.

　　뉴 겐 반 탕 같은 베트남 학자도 소수종족이 삼림 제거의 25% 책임이 있다고 주장한다. 나머지 75%는 농경지확장으로 주장한다. 콜린스는 1945년에서 1975년까지 쉬지 않은 전쟁이 삼림과 농경지를 파괴했다고 주장했다.[16]

　　다른 삼림벌채요인은 중부고원(central Highlands)의 농업잠재력에 관한 것이다. 1920년대에 고원은 거의 삼림으로 덮여 소수종족이 거주했다. 프랑스정부는 농업 식민지화를 시도했다. 고원과 주민을 통합하고 킨 농부의 이주를 장려해 정착시키려 했다. 식민지 시기가 지나서 디엠정부도 이러한 시도를 계속했다. 그러나 1975~1976년 통일 이후 고원지역은 신경제지역으로 대대적인 개발이 진행되었다. 고원은 개척지가 되고 황폐한 땅은 식물이 다시 자랄 수 없게 되었다.[17]

　　베트남 삼림벌채문제를 다루는 연구에서 어느 누구도 체계적이고 분석적인 원인을 제시하지 못한다. 삼림벌채에 대해 대부분 특정요

---

16) Collins, 1990, p.158

17) Tran Thi Van An and Nguyen Manh Huan 1995

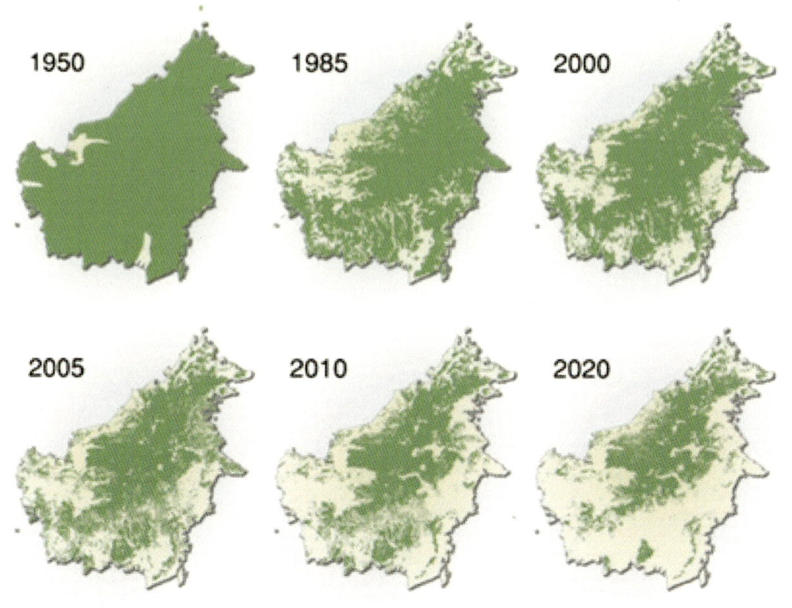

그림 2. 필리핀의 삼림벌채

인으로 설명한다. 인구증가, 경제개발, 농경지 확대, 에너지 개발, 전쟁 등의 원인을 지적하나 이러한 요인들은 연결하는 메카니즘을 설명하지 못하고 있다.[18]

## ■ 필리핀

필리핀 삼림은 95% 이상이 열대우림이다. 1940년대부터 농경, 도로건설, 엘리트의 개발욕구로 무차별적인 삼림개발이 허가되었다. 1600년경 90% 이상의 원시림을 보유했으며 인구는 50만 명 정도였다. 스페인이 16세기에 식민지를 건설하며 농업과 가옥건설을 위해

---

18) Rodolphe De Koninck, DEFORESTATION IN VIET NAM, 1999

벌채를 시작했고 또한 물소 사육을 위한 목축지가 적어서 내륙의 삼림과 북부 루손 섬에서 벌채가 시작되었다. 대부분의 해안지역과 저지가 농경지확대를 위해 벌채되었다. 수많은 동식물 종의 생태계를 구성했다. 300년간의 스페인 점령이 끝날 무렵에도 필리핀의 열대림은 70% 이상 유지되었다. 벌채가 아주 많이 진행된 섬도 있지만 전혀 손도 닿지 않은 경우도 있다. 1890년대의 보고서에 의하면 세부는 아주 심하게 벌채되었다. 뽀홀과 파나이섬은 50% 정도의 삼림이 남았다. 루손 섬은 저지에는 벌채되고 고지의 대부분은 삼림이 남았다. 특히 민도로의 열대림은 말라리아가 많아서 보호되었다. 팔라완은 떨어져 있어서 보호될 수 있었다.

1992년 삼림조사에 의하면 원시성 열대우림은 8.6%로 감소했다. 1997년 후반에는 7%로 감소했다. 1세기도 안 되는 시기에 70%에서 7%로 원시 열대우림이 감소한 것은 세계에서 유례없이 빨리 삼림이 제거된 것이다. 삼림벌채로 인해 홍수와 가뭄이 증가하고 대규모 토양침식과 해초 실테이션, 지하수 고갈 등이 나타난다.

### ■ 인도네시아

생태적으로 다양한 삼림을 가져 브라질, 콩고에 이어 세계 제3위의 생물다양성을 가지는 인도네시아의 삼림벌채는 환경에 막대한 영향을 주고 있다.

1900년 84% 면적이 삼림지였으나 2000년까지 1억 7천만 ha의 면적이 벌채되었다. 불법벌채가 80% 이상을 점유하며 다국적 펄프회사에 의한 삼림제거도 주요 원인이다. 일본과 중국의 목재수요에 의한 벌목도 행해졌다. 그러나 2010년 인도네시아는 새로운 벌목 계약에 대한 일시정지(모라토리움)를 선언한다.

### ■ 북한

북한의 환경에 관한 보고서는 20개국이 참가한 유엔 개발환경계획(UNDEP)과 북한 국가 환경협력회의에 의해 작성되었다. 보고서는 자원에 대한 과잉개발과 관리부재에 대해 언급하고 있다. 또한 교정할 수 있는 시간이 길지 않음을 지적한다.[19]

2000년 평양을 방문한 유엔환경계획 사무총장 클라우수 토퍼 박사일행에 의해 작성되었다. 북한당국과 환경보전을 개선하기 위한 공동 활동에 관한 합의서를 체결하며 삼림, 수질, 대기, 육지, 종 다양성의 다섯 개의 분야를 다루며 가장 중요한 우선순위는 삼림자원의 황폐화에 관한 것이다. 토양의 질이 나빠지고 경작이 감소하고 있다는 것이다.

북한의 삼림은 74% 면적을 차지하며 사면 경사가 급하다. 수십년 동안 삼림이 질적으로 저하되고 양적으로 감소되어 왔다. 보고서에서는 감소원인으로 목재생산과 화목의 소비, 산불, 가뭄으로 인한 해충의 습격, 농지의 확대 등을 지적한다. 필요한 조치로서 우선적으로 환경보호를 표방하는 법적·행정적 프레임이 필요하다는 점을 지적했다. 토퍼박사는 지구공동체가 북한의 환경자원을 지키기 위한 노력에 동참하고 지속가능한 방법으로 개발목표를 세울 것을 촉구했다.

북한은 삼림의 13.8% 852,000ha 1차림을 보유하여 생물 종 다양

---

19) Alex Kirby, North Korea's environment crisis, BBC News Online environment correspondent

성이 다양한 지역이다. 1990~2000년 사이 삼림면적의 변화는 매년 138,000ha의 삼림이 소실되고 2000~2005년 매년 삼림면적이 감소했다. 2000~2005년 사이 24.6% 삼림지가 소실되었다. 소비에트 연방이 1990년대 붕괴되면서 북한은 식량부족에 직면한다. 공산권국가들에게 식량, 비료, 연료 등을 공급받을 수 없게 된 후 북한은 삼림을 제거하면서 연료를 조달했으나 삼림제거의 대가는 컸다. 토양침식이 일어나고 1995~1996년에는 극심한 홍수가 발생하고 작물실패는 기근과 경제위기로 이어지며 사회적, 정치적 불안이 계속되었다.[20] 종 다양성 보호지역으로 북한은 511종의 양서류, 조류, 포유류를 보유한다(세계보전 모니터링 센터에 의하면). 3.3% 동식물은 고유종이며 6.8% 종은 멸종위기종이다.[21]

---

20) North Korea: Change in Forest Cover PRIMARY FOREST COVER Primary 1990 (ha) 1,129,000 Primary 2000 (ha) 939,000 Primary 2005 (ha) 852,000 Total Change 1990-2005 (ha ｜ %) (277,000) -24.53% TOTAL DEGRADATION/CONSERVSION Forest area+Wooded Area-Plantations Other 1990 (ha) 8,201,000 Other 2000 (ha) 6,821,000 Other 2005 (ha) 6,187,000 Total Change 1990-2005 (ha ｜ %) (2,014,000) -24.56%

21) North Korea: Forest Cover, 2005

# 생물 종 다양성 위기

생물의 종 다양성(biodiversity)은 생물이 서식하는 생태계의 다양성, 생물들이 지닌 유전자의 다양성을 나타내며 이는 자연환경의 풍요도와 건강성의 지표이다. 이를 측정하는 방법은 단위면적에 얼마나 많은 종이 서식하는 척도로 표시한다.

## 생태계의 다양성

생물다양성을 담는 그릇의 역할을 하므로 생태계의 다양성이 큰 지역은 서식하는 생물 종의 다양성이 크다. 예를 들면 자연림으로 이루어진 지역에서 산불이 발생하여 나무와 그 뿌리까지도 소실되었다. 그러나 황폐화된 지역을 단기간에 재식림하기 위해 인공림을 조성했다. 지표를 식생화하는 데는 성공이지만 산불 이전의 자연림에서 예상되었던 생태계의 다양성은 단일 수종으로 또한 비슷한 키의 나무들에 의해서 기대할 수 없다. 종 다양성의 사례를 보면 열대우림지역에서 15개 블록의 면적에서 1,000종의 나무 수종이 발견되고 한 종의 나무에 서식하는 딱정벌레의 종은 945종이었다. 아프리카의 말라위 호수에서 500종의 열대어가 발견되었다.

## 종 다양성의 중요성

주어진 생태계에서 종의 구성은 오랜 시간에 걸친 진화이다. 각 종은 그 서식지에 적응되어 온도범위, 먹이정도, 광선 등의 특징에 의해서 구별되며 종은 번식하고 개체 수를 유지한다. 생태계의 각 종은 환경과 상호작용한다. 홍합이 물에서 입자를 추출하고 갈대는 뿌리를 유지하는 등 자연 상태에서 이러한 상호작용, 즉 체계는 균형을 이룬다.

한 종의 멸종은 다른 종에 영향을 주고 불균형을 초래하며 결과적으로 생태계에서 여러 기능이 수행되지 못한다. 멸종된 종의 서식지를 물려받은 종이 멸종 종의 기능을 대체하지 못한다. 종이 멸종되면 지구 생물권에서 그 종이 하던 기능은 영원히 종식되고 이를 대체하는 것은 불가능하다. 종의 상실은 기능의 상실을 동반하고 이는 인간생활에 직접적으로 영향을 주며 어획의 감소, 토양침식 등이 예측된다. 과학자들은 170만 생물 종을 기록하고 묘사하는데 아직도 종의 정확한 수에 대해서 모르지만 그 역할과 잠재력에 대한 것은 더욱 알지 못한다.

## 무엇이 종 다양성을 결정하는가?

수많은 식물, 동물, 미생물의 종이 육지와 해양에 존재한다. 태양에너지를 가지고 무기물과 유기물 사이에서 탄소와 질소가 순환하고 경관을 변화시키며 먹이사슬을 구성하며 변화해 왔다.

열대지역은 고위도지역에 비해 종이 복잡한 천국이다. 생물학자들은 어떻게 열대지역에 수많은 종이 존재하는지 이해하려 한다. 환경과 생물사이의 관계와 생물 그 자체가 종 다양성을 촉진하는데 주요한지 연구한다. 인간간섭, 먹이사슬 등이 중요할 것으로 생각되며 많은 문제는 아직도 신비에 싸여있다. 예를 들면 우리는 현재 얼마나 많은 식물과 동물 종이 지구에 있는지 모른다. 연구자들은 예측하는 것조차도 어려운데 이는 특히 미생물군에 대해 알지 못하는 부분이 많기 때문이다. 종에 대해서 진화가 수백만 년 동안 이루어졌고 종안에서 변이와 유전적 변화가 어떻게 새로운 종으로 나타났는지 종의 발생에 대해서 모른다. 어떻게 종 다양성이 형성되는지 이해하려면 통섭적 노력으로, 고 생물학적 이해, 야외조사, 실험 작업, 제놈 비교, 통계분석 등이 필요하다.

열대 삼림에서의 동식물(Tropical forest products)은 신약개발물질(new pharmacentical products)을 제공해 왔다. 유전적 다양성을 가진 동식물은 여러 질병을 치료할 수 있는 물질을 제공하기 때문이다.

열대지역은 원주민의 거주 공간으로 오랜 문화를 형성해 왔다. 최근의 열대우림의 파괴로 그들의 문화가 상실되고 외래 주민의 유입으로 원주민이 취약한 전염병이 전염되어 원주민의 인구감소가 보고되고 있다. 브라질(열대우림)의 인디언인구는 1900년 100만 명에 달했으나 현재는 약 20만 명 정도로 보고되고 있다.[1]

## 생물 종 관련 용어와 멸종

생태계 효율성 Ecosystem Efficiency이란 종 풍부함과 다양성이 증가하면서 생태계의 기능이 효율적으로 움직이며 다른 종을 위한 자원이 좀 더 풍부해질 수 있다는 의미이며 생태계의 종 다양성 증가는 효율성과 생산성을 증가시킨다. 주요 종(Keystone Species)이란 종 다양성 유지를 돕는 생물, 종 다양성과 생태계 완전성(integrity)을 유지하는 종을 의미한다. 생물의 분포가 어떤 특정지역에 한정되어 있

---

1) Whitmore, T.C. 1998, An Introduction to Tropical Rain Forests, Oxford Univ. press
   www.mongabay.com

는 종은 고유종(endemic species)이다. 그와 같은 분포를 나타내는 생물 종, 이 경우 분포역의 넓이에는 상관없다. 예를 들면 해산 갈조류 삼나무말(Coccophora langsdorfii)은 동해의 연안에 각각 분포가 한정되는 고유종이다. 침입 종(Invasive Species)은 성장이 빠르고 재생산이 일어나 다른 종과의 먹이와 서식지를 위한 경쟁에서 항상 이길 수 있어, 고유종이 경쟁하지 못하고 생태계에서 떠나거나 죽게 하는 주요 간섭을 가져올 수 있는 종이다.

국제자연보존연맹(IUCN)에 의하면 빠른 속도로 멸종하는 종의 수가 증가하고 있다. 보고서에 의하면 1600년대에서 1900년 이전까지 4년에 1종씩 멸종하고 1900년대 초에는 1년에 1종씩 멸종되었다. 그러나 1970~1980년대에는 1년에 1,000종씩 멸종하게 되었고 1980년대 중반 이후에는 하루에 100종씩 멸종이 보고되고 있다. 또한 2020년까지 20%의 생물 종이 멸종할 것으로 예측하고 있다.[2]

## 생물 종 다양성의 감소원인

1) 인구의 증가, 2) 산업화와 도시화, 3) 자원의 과소비, 4) 인간에 의한 서식지파괴 분할, 5) 과다한 채집 사냥, 6) 대기와 수질오염이 제시되고 있으나 50% 이상의 종 멸종에 관해서는 정확한 원인을 모르고 있다.

인구의 증가와 환경의 지속가능성을 저하시키는 개발, 경제성장과 생활 수준의 향상으로 인한 1인당 자원사용량 증가, 야생생물 서

---

2) Middleton,N., 1995, Global casino, an introduction to environmental issues, Edward Arnold.

식처의 파괴 등이다. 또한 서식처 소실과 훼손, 분할(개간, 산불, 도로 개설, 농지와 택지로 전환)이 중요하다.

야생종 감소와 멸종의 직접적인 원인으로는 자외선 증가, 기온 상승, 해수면 상승, 염분저하 등 기후변화, 오염, 남획, 포식자 및 해충의 방제, 외래종의 유입 등이며 열대우림지역에서 극심하게 일어난다.

멸종되기 쉬운 생물들은 다음과 같은 특성을 가진 종들이다. 먼저 바다 한가운데 있는 섬에 서식하는 동식물, 특정한 호수에 서식하는 어류종을 구성하는 집단의 수가 적은 종, 개체의 밀도가 극히 낮은 종, 계절에 따라 이동하면서 살아가는 동물들, 유전적으로 형질이 다양하지 못한 종, 서식 범위를 쉽게 넓히지 못하는 종 등이다. 예를 들면 팬더는 대나무를 먹는 특이한 생활방식을 가진다. 또한 박쥐는 동굴에 거대한 집단을 이루어 서식하는 특징이 있다.


## 희귀 및 멸종 위기 종


주관적인 분류기준이 될 수 있으며 각각의 종이 처해있는 정확한 상황정보 부족으로 문제점이 있다.

적색목록집(red data book)3)에서 IUCN(International Union for Conservation of Nature)은 위험에 처한 종들에 대한 (양서류, 곤충 등) 분류 야생동식물의 보존상태에 대한 정보를 제공한다. 종들은 적색목록에서 9개의 그룹으로 분류되는데 이는 종의 수, 감소속도, 개체 수, 분포 면적, 개체 수와 분포가 분할되는 정도 등에 따라 분류

---

3) www.iucn.org

된다.[4]

IUCN 적색목록에 의하면 1970~2006년 사이에 척추동물의 31%가 멸종되고 열대, 담수생태계에서 멸종이 심각한 수준으로 보고되었다. 2050년까지 종 다양성의 감소원인으로 기후변화, 상업용 산림, 바이오 에너지용 농지의 증가 등이 제시되었다.[5] IUCN 적색목록에서 위협종은 아주 위험한 종(Critically Endangered), 위험한 종(Endangered), 위험에 노출된 종(Vulnerable)으로 나뉜다.

## 생물 종 보존

생물 종을 보호하는 수단으로 현지보호(야생그대로의 자연 상태에 둔 채 보전)와 현지 외 보호(인위적인 시설과 환경에서 보호), 특별보호구역 설정 등이 있다. 현지 외 보호는 개체 수가 너무 적어서 서식지에 그냥 두면 곧 멸종될 것으로 판단되는 경우 동물원, 수족관, 식물원, 종자은행에 보호하는 것이다. 특별보호구역 설정(special reserve)은 현지 보호와 현지 외 보호의 중간 보호전략으로 멸종위기에 처한 동식물의 서식지를 특별보호구역으로 선포하여 이동시키지 않고 보호 관리하는 것으로 절대보존지역, 국립공원, 자연보존지역, 과학적 보존지역 등이 이에 해당된다.

---

4) Extinct (EX) - No known individuals remaining. Extinct in the Wild (EW) - Known only to survive in captivity, or as a naturalized population outside its historic range. Critically Endangered (CR) - Extremely high risk of extinction in the wild. Endangered (EN) - High risk of extinction in the wild. Vulnerable (VU) - High risk of endangerment in the wild. Near Threatened (NT) - Likely to become endangered in the near future. Least Concern (LC) - Lowest risk. Does not qualify for a more at risk category. Widespread and abundant taxa are included in this category. Data Deficient (DD) - Not enough data to make an assessment of its risk of extinction. Not Evaluated (NE) - Has not yet been evaluated against the criteria.

5) 이현우 외, 2012, 중장기 생물 다양성 전략 추진체계연구, 한국환경정책평가연구원

## ■ 보호지역의 설정

보호지역 설정의 원칙으로 희귀하거나 특정지역의 토착생물을 우선적으로 보호한다. 긴박한 위기에 처한 종과 유용성이 높은 생물종을 우선 보존하며 보호지역을 설계함에 있어 우선적으로 원형을 택하여 외부와의 경계선이 단거리가 되도록 한다.

## ■ 생물자원 보유대국(megadiversity)

생물자원의 분포는 전 세계 일부 지역에 치우쳐 있다. 생물 종의 70% 이상을 17개 국가가 점유한다. 이러한 국가들은 생물자원보유대국으로 불리운다. 생물자원 보유대국(Megadiversity)은 1998년 생물다양성회의에서 소개되었고, 한 지역에 원산지인 동물과 식물의 종의 수가 많고 다양함을 의미한다. 오스트렐리아, 브라질, 중국, 콜롬비아, 콩고, 에쿠아도르, 인도, 인도네시아, 마다카스카르, 멕시코,

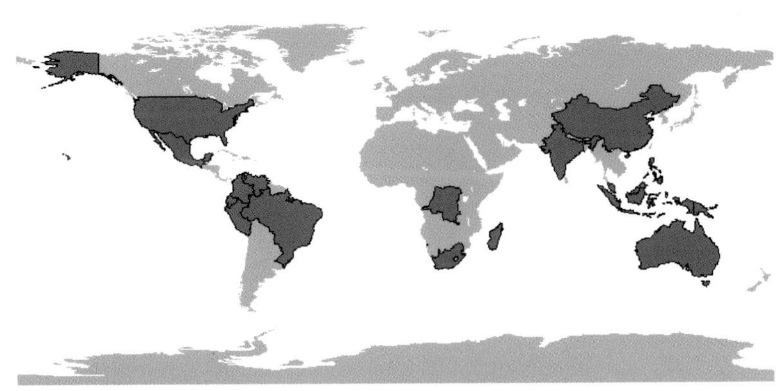



그림 1. 생물자원 보유대국

파프아 뉴기니, 페루, 필리핀, 남아프리카, 미국, 베네수엘라 등이다.

생물자원 보유대국은 열대에 분포하거나 적도 주변지역이다. 온도, 강수량, 토양, 고도 등의 조건이 종 다양성에 영향을 주는 인자이다. 온난 습윤한 환경이 식물과 동물의 생존과 번식에 적합하다. 미국, 중국과 같은 국가는 광대한 면적으로 다양한 생태계를 보유한다. 미래에는 다양한 생물자원 보유대국(mega diversity)이 강력한 영향력을 행사하는 국가로 부상할 것으로 예상된다. 생물 종 다양성 보존을 위해 각 국은 다음과 같은 단계의 조치를 취해야한다. 우선 생물 종 다양성 조사로 명세서 작성(inventory and assessment)하며 계속적인 감시와 조사를 수행하며(monitoring), 보호지역(reserves and corridors)을 설정하고 생물 종을 복원 복구(recovery and restoration)하는 노력을 계속하며, 지속가능하게 이용하는(sustainable use) 등의 단계이다.

## 우리나라의 생물 종 유출

일제강점기와 그 이후 일본, 프랑스, 영국, 미국의 학자들이 우리의 생물자원을 유출한 것으로 추정된다. 일제강점기 때 일본 학자들이 국내 생물 종에 관한 조사를 했고, 구한말 당시 이미 프랑스·러시아·영국 등지의 학자들이 들어와 식물 등을 채집해 갔다. 미군정 당시에도 많은 생물 종이 국외로 유출되었다는 것이 보고되고 있다. 이 때문에 19세기 말에서 20세기 초 국내에 자생했던 생물들이 국외의 자연사박물관에 소장 돼 있는 것을 볼 수 있다. 2017년까지 전세계 기관에 산재해 있는 우리나라 자생종의 규모에 대한 조사가 있을 예정이다.[6] 우리가 보유하고 있는 생물자원의 현황 파악이 우선 되어 어디에 몇 종이 분포하고 있는지를 체계적으로 조사하는 것은 중요하다. 세계 각국의 생물유전자원 확보전이 치열하게 전개되고 있는 가운데 10만 종으로 추정되는 국내 자생종 가운데 약 3만 7,000 종의 목록이 완성됐다.

국립생물자원관(이하 자원관)은 '국가 생물 종 목록 구축'사업을 통해 객관적이고 과학적 검증을 거친 우리나라 최초의 자생생물 인 벤토리(목록)를 구축했다. 자원관에 따르면 국내·외 최고의 전문연 구진 100여 명이 지난 3년간 방대한 양의 문헌을 수집·분석, 식물 (5,230종), 곤충(1만 3,384종), 척추동물(1,841종) 등 총 3만 6,921종 에 대한 새로운 국가 생물 종 목록을 완성했다.

2010년 10월 일본 나고야에서 개최된 제10차 생물다양성협약(CBD) 당사국총회에서는 '유전자원 접근 및 이익 공유(ABS)'를 규정하는 '나고야 의정서'를 채택, 다른 나라의 생물 유전자원을 채집·반출해 상품화하려는 국가나 기업은 유전자원 보유 국가의 승인을 받아야 하고 사전에 합의된 조건에 따라 이익을 배분하도록 했다.[7] 나고야 의정서가 발효되면 본격화 될 국가 간 생물자원 전쟁이 될 것이다. 우리나라 고유생물자원에 대한 주권을 지킬 수 있는 근거자료를 위 한 생물자원인 벤토리 사업을 서둘러 우선 10만 종으로 추정되는 우 리나라 자생생물 중 그동안 밝혀지지 않은 것을 신속히 찾아내 우리 나라 생물자원 주권의 확립을 추진해 나가야 한다.

---

6) 전계서, 이현우 외

7) 파이낸셜뉴스 2011.1.12

# 생물 종 다양성 협약과 양생동식물에 관한 협약

생물 종 다양성 협약(Convention on Biological Diversity)에 가입한 후 자국의 고유한 생물자원에 대한 주권을 행사할 수 있게 되었다. 우리나라도 자국의 생물 종들을 보호하기 위한 정책들을 본격화하기 시작했다. 협약은 생물다양성의 보존, 다양한 생물다양성 자원의 지속적인 이용, 유전자원의 상업적 이용이나 그밖의 활용으로 창출된 이익을 공평하고 균등하게 분배하는 것을 목적으로 한다.

생물다양성협약의 발효로 생물자원 보유국과 신물질 개발자 간에 이익을 분배할 수 있게 됐고, 이때부터 생물자원에 대한 주권이란 말이 사용되기 시작했다. 생물다양성 협약(Convention on Biological Diversity)은 지구상의 모든 생물과 생태계, 생물 유전자 등을 보호하기 위해 마련된 국제적 협약으로 1992년 6월 유엔환경개발회의(UNCED)에서 158개국 대표가 서명함으로써 채택됐으며 1993년 12월 발효됐다. 우리나라는 1994년 10월에 가입했고 2005년 168개국이 협약에 서명했고, 이후 188개국이 협약을 비준했다.

야생동식물의 국제거래에 관한 협약(Convention on international Trade in Endangered Species of Wild Fauna and Flora)은 멸종위기에 처한 야생 동·식물의 무질서한 포획 및 채취를 제한하고 당사국 간의 국제거래 시 허가 제도를 통하여 엄격하게 규제함으로써 이들을 보호하고자 하는 국제환경협약이다. 협약은 1973년 3월 미국 워싱턴에서 체결되고 1975년 7월 발효되었는데, 우리나라는 1993년 7월 122번째로 가입하였다.

Part 5

# 에너지와 환경

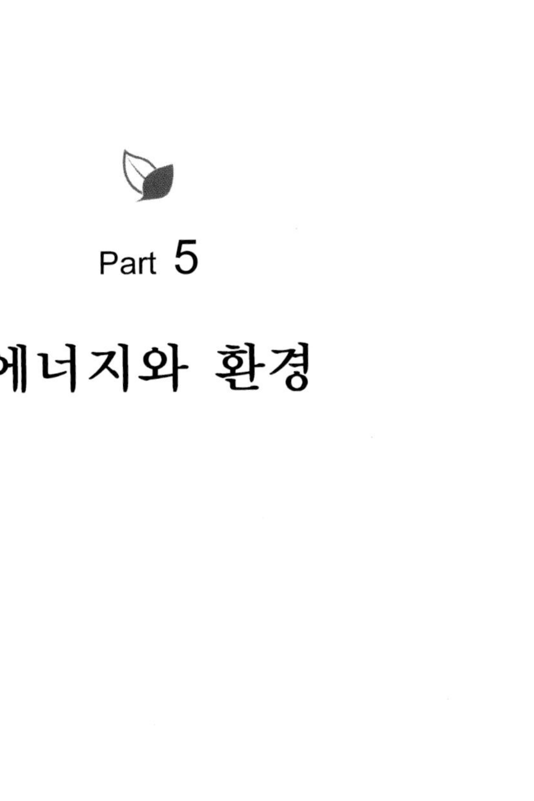

에너지는 인간이 생활하는데 필요한 기본적 필요요건(basic requirement of human societies)이며 경제성장과 인간의 생활이 에너지자원의 획득과 소비에 달려있다. 현대 산업 문명의 시초가 새로운 에너지 이용 기술에서 출발했으며 에너지 안정과 에너지 공급 기반의 붕괴는 현대 문명 체계를 유지할 수 없는 것으로 인식되기도 한다. 에너지 부문이 국가 경제에 기여하는 비중은 5% 수준으로 지식 정보사회 도래로 에너지와 같은 기초 원자재 투입의 중요성이 크게 약화되었다.[1]

에너지사용과 관련된 환경이슈에는 화석연료, 지구기후변화, 산성비와 대기오염이 있다. 미국을 포함하여 모든 국가들은 더욱 안전하고 비용이 저렴하며, 온실가스를 많이 배출하지 않는 에너지 생산을 위해 어떻게 에너지 부문별 생산을 유지해야 하는가에 대한 문제에 직면해 있다. 재생 가능한 에너지원에는 수력, 조력, 태양에너지 등이 있으며 재상 불가능한 에너지원인 석유, 천연가스, 석탄 등은 매장량규모로 보면 각각 40년, 60년, 200년 정도 인류가 사용할 수 있을 것으로 보고된다.

## 에너지 수요 증가

IEA는 2007년 세계에너지전망에서 에너지수요가 2030년까지 55% 증가하고 석유수요는 37% 증가하며 석유 공급의 중동지역편중이 심화되어 OPEC의 1일 생산량은 2030년에 6,100만 배럴, 2006년은 3,600

---

1) 최기련, 박원훈, 2002, 지속가능한 미래를 여는 에너지와 환경, 김영사

만 배럴로 증가할 것이라고 전망하고 있다.[2] 또한 2030년의 에너지수요 중 화석연료비율은 84%로 예상되며 2030년까지 에너지 인프라 구축에 22조 달러가 소요될 것으로 전망하고 있다. 특히 아시아지역에서는 2020년까지의 에너지 인프라구축에 최소 4.4조 달러가 필요하다고 분석하고 있는데 우리나라의 경우도 이를 고려한 정책수립이 필요하다.

## 신자원 민족주의 경향

1970년대에 석유파동의 주범이었던 자원민족주의가 최근에 다시 세계적으로 확산되고 있다. 1960년대에는 '세븐스타(seven stars)'로 지칭되는 다국적 에너지기업들이 석유 및 가스자원의 85%를 통제하였으나 지금은 산유국의 국영에너지기업들이 85%를 통제하고 있다.

세계석유자원의 50%를 보유한 사우디아라비아, 러시아, 이라크 및 이란 등은 석유개발에 요구되는 외국인 직접투자의 유치에 열의가 없으며 이로 인해 향후 세계의 석유수급은 큰 차질이 발생할 위험성이 높다. 1990년대 이후로 다국적 에너지기업들은 더 이상 산유국의 국영에너지기업을 위한 협력자가 아니라 경쟁자가 되고 있다. 또한 산유국들이 협상력과 경쟁력을 갖춘 다국적기업들의 기술전문가를 필요로 하지 않고 있는 점도 석유자원개발에 불리하게 작용하고 있다.

중동지역은 세계석유자원의 62%, 가스자원의 45%를 보유하고 있다. 2030년까지 에너지수요가 지금보다 50% 증가하면 중동지역의

---

2) www.iea.org

석유공급비율은 80%까지 증가할 것이다. 그러나 이러한 증가도 외국인 투자가 순조로울 경우에만 가능하며 이는 세계 에너지수급의 불안요인이 되고 있다.

## 산유국의 정정불안과 정유용량

2020년도의 석유 수요 중 50%는 정정이 불안한 10~14개의 산유국들이 공급할 전망이다. 또한 미국이 테러지원국으로 분류한 7개국 중 5개국이 산유국이며, 특히 이 중 3개국 리비아, 이란, 이라크는 주요 산유국이다. 산유국의 석유판매수익이 국가와 사회의 지속가능한 개발과 불평등해소에 사용되지 않으면 산유국의 정정이 불안정해지고 내전으로 확산 될 가능성이 있다. 현재 산유국 중에서 경제의 다원화에 실패하여 수출액의 30% 이상을 석유 및 가스자원에 의존하고 있는 국가가 34개국이나 된다.

정유용량의 한계와 원유 생산 예비용량의 부족도 에너지 공급 안보를 위해 해결해야 할 문제이다. 2003년 초에 베네수엘라에서 발생한 파업으로 베네수엘라의 1일 석유생산량이 300만 배럴에서 40만 배럴로 급감하여 유가가 배럴 당 30달러 이상으로 오른 것이 그러한 사례이다. 1986~2005년간 원유생산 예비용량은 원유수요의 15%에서 2~23% 수준으로 감소하였다. 또한 지난 수년간 OPEC 국가들은 원유생산용량의 99%를 가동하고 있는데 1990년 1대에는 80%, 2001년에는 90%였다.

## 기후변화와 에너지안보

세계에너지 공급안보의 붕괴는 기후변화를 심화시킬 것이다. 2005
년에 Katrina 및 Rita 허리케인은 미국석유생산량의 27%, 정유용량
의 21%를 감소시키고 세계경제에 큰 충격을 주었는데 이후부터 각
국의 정책 입안자들은 에너지정책과 기후변화정책을 함께 다루어야
할 필요성을 느꼈다. 화석연료가 주 에너지역할을 지속하면 대기 중
온실가스의 증가로 기후변화는 더 심화될 수밖에 없을 것이다.

### ■ 향후 우리나라의 재생에너지 개발정책에서 고려해야 할 사항

재생에너지개발과 관련 산업의 육성은 세계적인 금융위기의 영향
을 크게 받아왔다.[3] 특히 산업화와 시장개발이 어느 정도 진행되고
있는 풍력발전과 태양열발전이 큰 영향을 받고 있는데 장기적인 관
점에서 이들 산업의 육성을 위한 대책이 필요하다. 풍력발전이나 태
양광발전 등은 기후에 따라 가동이 불안정하고 벽지에 위치해 있어
송전비용이 많이 드는 것이 기술개발과 시장 확대에 장애요소가 되
고 있으며 이를 해결할 수 있어야만 세계시장에서 관련 산업의 시장
경쟁력을 높여 나갈 수 있을 것이다.

전체 전력에서 재생에너지전력이 차지하는 비율이 낮기 때문에
전력업체는 재생에너지전력의 송배전을 위한 투자에 큰 매력을 느
끼지 못하고 있다. 이점도 장기적인 산업육성의 차원에서 해결책을
마련해야 한다.

---

3) 한국과학기술정보연구원, 2010, 저탄소 녹색성장을 위한 온실가스 감축 달성 대책.

우리나라는 앞으로 재생에너지전력을 고정우대가격으로 구매해주는 제도를 실시할 예정이다. 그러나 풍력발전이나 태양광발전 등의 재생에너지는 다양한 용도로 개발되고 있기 때문에 전력망 접속과 고정우대가격의 적용에서 어려운 문제가 발생할 수 있다 포괄적인 제도를 구축할 필요가 있다.

풍력발전은 기술적으로 시장경쟁력을 갖춘 재생에너지기술이다. 그러나 세계수준의 R&D 능력과 국내산업의 수준 사이에는 격차가 존재하고 있다. 세계시장에 진출하기 위해서는 대형 풍력발전산업을 지원하기 위한 대책이 필요하다.

태양전지산업은 급속하게 발전하고 있으나 태양광발전은 높은 비용과 수요부족으로 산업발전이 느리게 진행되고 있다. 국내시장 확대를 통한 시장경쟁력 확보 대책이 필요하며 이를 위해서는 파격적인 지원제도가 필요하다.

재생에너지 전력에 대한 고정우대가격제도는 초과비용과 시장 개발사이의 적절한 타협이 필요하다. 스페인과 같이 시장개발을 중시하여 초과비용의 재정적 부담을 간과하거나 중국과 같이 정책적 효과를 볼 수 없을 정도로 낮은 고정 우대가격을 책정해서는 아니 된다.

우리나라는 2020년까지 세계 7대, 2050년까지 세계 5대 녹색강국 진입을 목표로 녹색성장국가 전략을 수립하였으며 에너지 자립도를 2009년의 32%에서 2020년까지 50%, 2050년까지 100%로 높이기 위해 신재생에너지와 원자력개발을 크게 강화하고 있다. 이를 위해서는 재생에너지 R&D와 신기술의 실증활동을 확대해 나가는 것이 중요하며 기술별 전담연구기관이 필요하다.

# 수력

경제성장과 생활수준의 향상은 에너지수요를 증가시킨다. 이는 각국이 계속적으로 수력(hydropower)의 활용을 최대화하려는 대형댐 건설을 유도했다. 대형 댐은 홍수다발지역이나 수자원의 효과적 활용, 편익증대의 측면에서 건설을 적극적으로 장려하지만 한번 건설되어 운영되기 시작하면 수문학적, 하천생태학적 관점에서는 다시 댐 건설 이전상태로 되돌아갈 수 없는 중대한 변화이며 환경에 주는 영향이 막대하다.

19세기에 수력이 발전원으로 채택되었으며 최초의 발전소는 1879년 나이아가라폭포에 건설되어 가로등에 전원을 공급하기 시작했다. 발전량은 물이 얼마나 멀리 떨어질 수 있는가와 터빈을 달아 얼마나 많은 양의 물이 이동하는가에 따라 결정된다. 2004년 세계 주요 수력발전국은 중국, 캐나다, 브라질, 미국, 러시아였다.

가장 대규모의 댐은 양쯔강의 산샤댐이다. 2003년 저수지를 건설하기 시작 하고, 댐의 길이가 2.3킬로미터, 높이는 185미터이다. 미국에서 가장 큰 수력발전소는 콜롬비아강 그랜드쿨리댐으로 워싱턴주 전력의 70%를 생산한다. 전기생산비용은 수력발전이 가장 싸다. 청정에너지이며 눈과 강우에 의해 재생되는 에너지원이다. 또한 전기 생산을 수요에 따라 조정할 수 있다. 저수지는 위락시설도 된다. 그러나 수력발전댐 건설은 자연생태자원을 파괴하거나 훼손시킬 수 있다. 연어 같은 어류는 댐 건설 후 알을 낳기 위해 상류로 이동할 수 없다. 따라서 어족의 종류와 양에 영향을 준다. 또한 용존산소를 낮추어서 하천생태계에 해를 줄 수 있다.

## ■ 수력발전능력

표 1. 규모별 수력발전소

|  | 국가 | 하천 | 발전용량 |
|---|---|---|---|
| 산샤댐 | 중국 | 양쯔강 | 22,500MW |
| Itaipu dam | 브라질 | Parana | 14,000MW |
| Guri | 베네수엘라 | Caroni | 10,200MW |
| Tucurui | 브라질 | Tocantins | 8,370MW |
| Grand Coulee | 미국 | 콜럼비아 | 6,809MW |
| Longtan dam | 중국 | Hongshui | 6,426MW |
| Krasnoyarskaya dam | 러시아 | Yenisei | 6,000MW |

표 2. 건설 중인 대형 댐

|  | 국가 | 하천 | 발전용량(완공) |
|---|---|---|---|
| Baihetan | 중국 | Jinsha | 13,050MW(2019) |
| Belomonte | 브라질 | Xingu | 11.000MW(2015) |
| Changheba | 중국 | Dadu | 2,600MW(2016) |
| Dagangshan | 중국 | Dadu | 2,600MW(2015) |

중국은 GDP 성장을 지속하기 위해서 에너지 수요의 충족과 에너지 안보의 확보가 중요한 과제이다. 현재 중국은 세계 1위의 $CO_2$ 배출국이며 2010년에는 미국을 추월하여 세계 1위의 에너지 소비국이 되었다. 중국은 국제사회 $CO_2$ 감축 압력을 완화하고 원활한 에너지 수급을 위한 장기대책으로써 2008년 11월에 '재생에너지개발 및 에너지효율 향상을 위한정책'을 발표하였으며 국가적으로 재생에너지를 개발하고 있다. 재생에너지개발은 기후변화방지와 에너지안보향상의 핵심적인 대책이 되고 있으며 지난 5년 동안 각국 정부의 장려정책과 재정지원책에 힘입어 재생에너지붐이 조성되고 있다.[4] 대체

에너지개발이라는 정책목표가 없으면 석유의존경제로부터 벗어날 수 없다 재생에너지에 대한 세계 각국의 기술개발과 정책적 지원은 이러한 정책목표를 실현하기 위한 방안이다. 미국의 경우도 온실가스감축이라는 환경적 목표와 경기회복이라는 경제적 목표를 연결하는 고리로서 대체에너지개발을 채택하고 있다. 특히 미국은 금융위기 이후에 발표된 경기부양책을 위한 7,870억 달러의 기금 중에서 약 1,000억 달러를 청정에너지분야에 투자할 계획이다.

이러한 정책적 기조는 우리나라와 중국의 경우도 마찬가지이며 우리나라는 2013년까지의 녹색성장정책에서 840억 달러를 청정기술투자에 사용할 계획이고 중국은 향후 10년 동안 청정에너지 분야에 4조 위안 5,860억 달러를 투자할 계획이다.

중국은 지난 20년간 연평균 GDP 성장률이 9.7%에 달하였다. 급속한 경제성장은 국내자원 고갈 대기오염 악화 수자원 및 생태계 훼손 등의 여러 가지 문제점들을 야기하고 있다. 세계은행에 의하면 대기오염에 따른 중국의 경제적 손실은 1995년에 GDP의 7.7% 수준이었으나 2002년에는 10.3%로 증가하였다. 또한 중국은 온실가스 배출량에서 미국과 함께 세계 수위를 다투고 있다. 개발도상국을 대표하는 중국에 대한 강제적인온실가스 감축 목표의 부과는 국제사회의 실효성있는 온실가스 감축대책의 시금석이 되고 있는 실정이다. 중국은 국제사회의 압박과 에너지 자원고갈 및 에너지수입 의존도 증가 등의 문제들을 해결하기 위해 지속가능한 개발을 할 수 있는 재생에너지를 개발해야만 하는 입장이다.

---

4) 한국과학기술정보연구원, 2010, 중국의 재생에너지개발전략

　중국은 국토가 넓어 재생에너지자원 잠재력이 대단히 풍부하다. 석탄 환산으로 태양에너지 잠재력은 연간 1.7조 톤이며 풍력 발전 잠재력도 3,226GW(개발가능육상풍력 253GW, 해상풍력 750GW)나 된다. 바이오매스잠재력은 연간 7억 톤이고 소수력발전잠재력은 128GW이며 지열잠재력은 연간 35.6억톤, 조력파력발전잠재력도 200GW 이상이다. 중국은 2006년부터 재생에너지법을 시행하고 있으며 2010년 및 2020년까지 재생에너지부문별로 현재이용량의 2~4배 또는 10~40배를 개발목표로 설정하고 있다. 이러한 노력으로 에너지 수요 중 재생에너지공급비율이 현재 9%로 증가하였으며 2010년에는 10%를 달성할 수 있을 것으로 기대하고 있다. 최근의 연구에 의하면 풍력발전과 태양광 발전의 두 산업분야에서만 약 40만개 이상의 일자리가 창출되었다고 한다.

### ■ 중국의 재생에너지정책

　정책의 일관성 및 정부 부서들사이의 협력부족 중국 정부에는 국가경제무역위원회 농업부, 수자원부 등의 재생에너지개발과 관련된 부서들이 많다. 이들에 의해 수많은 정책과 프로젝트가 개발되면서 정부정책의 일관성이 부족하게 되었으며 부서들 사이의 협력이 어렵게 되어있다. 재생에너지 장려시스템의 취약성 및 불완전성 중국의 재생에너지보조금은 농촌마을의 전화사업을 제외하면 대부분 소액이라는 특징이 있고 세금감면수준이 낮아 정책효과가 높지 않다. 지역별 정책의 부족 중국은 국토가 넓어 지역별로 인구와 산업 및 경제구조가 다르다. 지역별 상황을 고려한 정책이 필요하지만 중국은 중앙집권정부이기 때문에 이를 반영한 정책수립이 쉽지 않다. 재생에너지의 경우도 지역별 자원과 기술 및 산업을 정책에 적절하게 반영하는 것이 큰 과제가 되고 있다.

재생 에너지개발에 대하여 정부기금과 융자 외국 및 국제기구의 공여와 차관 외국인 직접투자의 3가지 재정지원방식이 운영되고 있으나 대부분의 경우에 대규모프로젝트에 국한하여 지원하고 있다는 문제점이 있다.

재생에너지는 기술집약산업이기 때문에 기술개발이 중요하다. 중국은 재생에너지 투자규모에서 세계 선두권이지만 기술개발을 위한 투자비율이 낮다. 유럽은 GDP 대비 재생에너지기술개발비율이 2% 인 반면에 중국은 0.045%에 불과하다.

재생에너지개발은 정부의 장려정책과 지원대책이 중요하다. 중국은 재생에너지법을 실시하고 있지만 시행규칙 등이 불완전하여 효과적인 집행이 되지 않고 있는데 이를 개선해야만 한다. 지역정책의 혁신적인 개선 국토가 넓은 중국은 지역별로 재생에너지개발계획이 수립되어야 하고 문제점 해결도 지역별로 이루어져야 하며 지역산업을 육성해야 한다.

사업추진 체제의 구축 중국은 세계최대의 지역별 청정개발체제 (CDM : Clean Development Mechanism) 사업 수행국가이며 이 사업을 통해 2010년 및 2020년까지 $CO_2$ 기준으로 각기 연간 6,280만 톤 및 1.98억 톤의 온실가스배출량을 감축할 계획이다.

연구개발투자규모의 확대 재생 에너지분야는 미래를 위한 신산업분야이기 때문에 산업구축과 시장개발을 위한 부품 및 장비개발에 정부의 기술개발 및 투자비 지원이 필요하다.

효과적인 정책집행 중국의 일부 재생에너지정책들은 시설 단위까지 원활하게 적용되지 못하고 있다. 이를 해결하기 위해서는 재생에너지개발과정에 대한 관리를 강화하고 정책기능이 효율적으로 집행될 수 있도록 해야 한다. 시장개발을 위한 투자 및 금융시스템구축 재생 에너지개발은 투자지원을 위한 금융시스템구축이 중요하다. 중국은 개발주체가 하나가 아니기 때문에 투자지원이 원활하지 못한데 장기적이고 효율적인 지원시스템을 구축할 필요가 있다. 에너지공급안보는 지정학적인 영향을 크게 받는다. 화석연료 수요 증가 산유국의 정세불안 피크오일(peak oil) 문제 등이 에너지공급 안보의 불안요인이 되고 있는데 이 때문에 세계는 2008년 여름에 배럴당 147달러의 고유가를 경험하였다. 지정학적인 불안요인들을 완화시키기 위해서는 아래의 사항들을 고려한 에너지정책을 수립해야 한다.

### ■ 산샤댐

중국은 최근 삼협댐을 건설했다. 삼협댐은 180만 평방킬로미터 면적의 유역과 관련된 댐이다. 양자강은 북부 티벳에서 발원하여 상하이를 거쳐서 동중국해로 흐른다. 총 연장 6,300킬로미터이며 세계 3위 하천으로 중국의 최장 길이의 하천이다. 양자강 유역은 국가적으로 지구적으로 중요하다. 중국 인구의 1/3이 양자강 유역에 거주하고 농업용수의 70%를 산업용수의 40%를 공급한다. 중국의 주요 담수원으로 많은 동식물의 서식지이며 종 보호지역이다.

양자강의 자연재해, 특히 홍수기록은 기록적이다. 1911년, 1931년, 1935년, 1954년에 홍수가 발생하여 30만 명 이상이 사망했다. 1954년에 3만 명이 사망했으며 최근 1998년 4000명 사망에 2,500만ha 면적이 침수되어 많은 재산피해를 가져왔다. 계속적인 홍수재해는 댐건설을 계획하고 건설하는데 많은 환경에 대한 위협에도 불구하고 건설의 타당성을 제공했다. 댐의 목적은 우선적으로 1,000만 주민을 홍수로부터 보호하고 2만 MW의 전력생산, 그리고 하천의 항해조건을 개선하려는 것이었다.

대형 댐의 건설은 대형 저수지를 수반한다. 그 저수지에 물을 저수하면서 수문을 닫는 과정에서 먼저 저수지 상류에서 유속의 변화가 일어난다. 변화된 수문환경에서 수생생물이 이동하거나 생애주기(life cycle)의 방해요인이 발생한다. 저수지는 퇴적물과 유기물을 가두며 저수에 고인 물이 낙차를 거쳐 이동하면서 침식이 일어난다. 퇴적물이 저수지 내부에 퇴적되면서 저수지 하류에는 급격히 퇴적물이 감소한다. 서식지 구축과정에서 온도변화와 하류와 하천시스템 변화는 수생 생물군에게 변화된 환경을 강요한다. 댐 건설 후 산사태나 지진발생이 보고되기도 한다. 동식물 종 가운데 서식지의 조건이 까다로운 종들은 멸종되거나 개체 수가 감소한다.

대형 댐은 계획단계에서부터 연속적으로 환경영향평가를 의무화하며 산샤댐도 1988년 계획된 후 1993년 건설을 시작하여 2003년 수문을 닫는 과정 동안 타당성조사와 함께 환경영향평가를 수행했다.

### ■ 환경의 영향

미국은 수십 년 동안의 환경이 악화되는 역사를 통해 법제도를 확립했다. 개발계획에 의무적으로 환경법을 준수하도록 1969년 환경영향평가(EIA process)를 시작했다. 이어서 일본, 캐나다 홍콩, 호주, 필리핀, 타이완 등이 같은 법체계를 따르고 중국도 1979년 이를 채택했다. 브란트란드보고서도 자연환경과 인간보호를 위해 개발계획의 수립과 실행과정에 EIA 과정의 합의가 중요하다고 강조한다.

환경영향평가에 대한 문제점이 제시되었다. 우선 예측에 대한 불확실성, 환경영향의 범위나 정도의 개념이 불충분하고 환경영향에 관한 연구의 시간적 또는 재원의 한계에서 오는 과도 단순화, 원인을 정확히 평가하기 어려움, 개발계획의 부정적 영향을 과소평가하는 등의 문제점이다. 그러나 환경영향평가가 정책과 기술을 인도하는 플래트 홈으로써 대형프로젝트의 지속가능성을 개선하는 역할, 디자인을 수정할 수 있는 기능, 자원의 배분, 추이를 알 수 있는 기능 등은 주요하다.

양자강에서 산샤댐에 의해 3개의 지역 영향권으로 분류한다. 먼저 저수지지역과 산도핑 댐과 장수성의 중류와 하류, 그리고 강의 하구지역에서 해안까지이다. 환경영향을 분류하면 1차 영향으로 댐과 저수지의 물리적 화학적 지형적 변화에 의한 수문, 기후, 퇴적물, 수질에 관한 것이다. 2차 영향으로는 생물 서식지의 질과 양에 관한 것이며, 3차 영향은 1차와 2차 영향의 누적결과에 의한 하천시스템 전반에 나타나는 영향이다.

물 수위가 연간 15~30미터씩 변화하였으며 상류의 지류들이 침수되었다. 저수지의 물이 차가면서 면적이 증가했고 유속은 감소되었다. 저수된 물이 증발하여 다른 2차 영향인 냉각, 복사량의 변화가 감지되었다. 또한 상류의 침수지역에 주민의 재정착과 야생동물의 이동이 일어나면서 고지대로 주거지가 건설되고 침수되지 않은 고산지역은 섬으로 남게 되었다. 2차, 3차 환경이슈에 대한 서식지 생태계변화로 보고된 것은 사구가 침수되면서 시베리아두루미(Siberian crane) 서식지의 영향, 철갑상어(Chinese Sturgeon, Yangtze Sturgeon),

중국돌고래(Chinese dolphin) 서식지에 영향이 보고되었다. 하구와 동 중국해로 유출의 감소로 수온과 염도가 변화하여 phytoplankton이 증가되었다. 유역의 5% 면적에서 산사태가 발생했으나 산샤댐 건설과 연관되는지를 판단할 증거가 없다. 댐 건설 후 20회의 지진이 발생했으며 지진과 댐과의 연관성에 대한 분석이 쉽지 않다.

수질에 대해서는 보고서에 따라 일관된 결론이 아니다. 댐 수문 막기 전부터 양자강에서 염수 침투가 일어나 하구생태계에 영향을 주었다[5]는 보고서와 우기에 염수침투가 있다는 보고서가 있다. 수질과 유출에 의해 미생물군이 강의 주류와 강 하구에서 변화가 관찰되며 침수 이후(2003년) 해조류(algae blooms), 규조류diatoms 등이 건기에 관찰되었다. 침수지역과 저수지에서 질소와 인이 검출되었으며 부유퇴적물은 55% 감소되었다. 지류의 부영양화와 감소된 유속에 의한 것으로 추측된다. 어폐류에 흡수되며 인간에게 해로운 메틸수은(methylmercury)도 발견되었다. 지금까지는 증발산 변화가 작물 생산 감소로 이어지는지에 대한 자료가 없다. 매년 28,000ton의 질소와 80ton의 제초제가 강으로 유입되어 저수지에 누적됨으로 수질 악화를 초래한다.

1950년대부터 양자강 퇴적물에 과한 연구를 수행했으며 저수지로 매년 5억 3천만 톤의 퇴적물 유입이 예상된다. 따라서 수문을 닫은 후 처음 50~60년 동안은 80%의 저수용량을 유지할 수 있을 것으로 예상하지만 퇴적물이 상류와 하류에 가져올 수 있는 하천시스템 변화에 대해 연구보고서 간 차이가 있다. 특히 재정착지 건설과 벌채 저수지 해안침식 등으로 양자강 하상운반물이 증가하는 것을 고

---

5) Li and Shao, 1996, Shanzhong 2007.

려하지 않은 점은 지적되어야 한다. 따라서 산샤댐 상류에 퇴적물을 모으기 위한 댐을 건설하는 논의가 있다.

댐 하류에 퇴적물감소와 흐름변화는 2차 영향(chinese dolphin 서식지인 하류에)이 나타날 것으로 예상되나 장기적 효과에 대한 자료는 없다. 치유 조치로서 서식지보존을 위한 방안이 우선적으로 고려되어야 한다.


### ■ 해안 침식과 생태계 변화

수문을 닫은 1년 후 (2004년) 65%의 퇴적물이 감소하고 하구에 공급되는 퇴적물이 31% 감소되면서 삼각주의 후퇴, 해안침식이 강화될 것으로 예측된다. 해안퇴적물 다이나믹스와 관련된 침식과 퇴적변화는 하구서식지에 2차 영향을 주어 미래 50년간 양자강을 어떻게 변화시킬 것인가에 대해서는 불확실하다.

3차 누적효과는 수생 지표생물군과 인간에 대한 영향이다. 서식지 파괴로 희귀 위험 종들이 위험에 처하며 중국 돌고래(chinese dolphin), 철갑상어(chinese sturgeon, yangtze sturgeon) 등 6개 고유종 어류와 멸종위기에 처한 14종이 더 위험에 처할 수 있다고 보고되었다. 댐 개발전의 보고서는 양자강 유역은 오랜 기간 인간의 영향 하에 있었던 하천유역이므로 댐이 건설되어도 자연식생에 영향이 없다고 주장했으나 침수지역에서 34개 지역 고유 식물군이 침수되었으며 관목인 자생식물(Myricaria)은 침수에 가장 영향 받는 종이다. 이에 따라 초지에 서식하는 동물의 먹이그물(food web)이 변화하고 댐 하류의 포양호 보호지역에서 두루미(Siberian crane)가 위험 종으로 보고되고 저수지의 수위상승으로 척추동물의 종 다양성이 위협받고 있다.

2005년 Kuang의 연구에 의하면 수중 동물에 대한 영향으로는 저수지의 유속감소로 프랑크톤이 증가했으며 용존산소의 감소로 2차 영향이 발생하며 먹이그물에 부정적 효과를 보인다는 것이다. 40~80종의 어류에 부정적 영향을 주며 2003년 이후 요각류(copepod)의 밀도가 증가했다. 하구지역의 영향에 대해서는 자료가 불충분하다.

수력은 많은 개발의 가능성이 있다. 환경적인 영향을 최소화하기 위해 소규모, 지역적인 수력발전이 장려되고 있다.


## 풍력


풍차은 범선을 운행하면서, 건조지역에서는 지하수를 퍼 올리는데 사용해왔다.

최근 들어 전력생산을 위한 터빈을 돌리는데 사용하고 있다. 국가에 따라 차이가 크지만 풍력은 세계 전체 전기수요의 20%를 공급할 수 있는 가능성이 제시되고 있다. 미국의 캘리포니아에서 풍력개발이 활발하며 1%의 전력공급에 기여한다(7500 turbine altamount pass). Denmark에서는 2005년까지 전력생산의 10%를 목표로 했다. 풍력발전의 문제점은 터빈을 돌릴 때 발생하는 소음과 터빈에 새들이 부딪쳐 죽을 수 있으며 터빈과 터빈사이의 토지이용이 제한되고 경관상의 제한 등이다.


### ■ 기후변화와 풍력

기후변화로 예상되는 대기권의 변화가 풍력발전에 어떠한 영향을 줄 것인가에 관한 논의가 활발하다. 풍력은 현재 재생 가능한 에너지원에서 총 에너지의 14%를 생산하며 그 비율은 계속 빠른 속도로 증가할 것으로 전망한다. 하지만 풍력에너지는 기후변화에 취약하다고 인식되었다. 지구의 에너지 흐름과 그에 따른 대기의 움직임은 기후변화와 관련이 있고 기후변화는 풍속에 영향을 줄 수 있다. 에너지 밀도, 즉 동력화 할 수 있는 힘은 대기밀도와 풍속으로 결정된다. 기후변화에 따른 풍향, 풍속의 변화와 바람의 빈도 변화 등은 풍력을 변화시킬 수 있다. 기후변화로 인해 대기권의 순환이 변화될 것을 예측한다.

특히 지구기후모델(GCM, Global Climate Model)은 전 지구적 패턴을 예측하고 지역적인 규모는 지역기후모델(RCM, Regional Climate Model)로 예측한다. GCM에서 지역으로 소단위화 하는 과정에 에러가 발생할 수 있다. 선행연구는 지구기후모델(GCM)에서 지역기후모델(RCM)로 변환과정에서 지수의 과소평가 가능성을 지적했다. 북유럽의 보고 자료로 만든 지역기후모델(RCM)에서 풍속분포에 대한 소단위화 변수의 적용은 성공적이었다. 풍속이 풍력에 가장 중요한 변화요인이므로 이는 의미가 있다.

풍력발전기의 터빈과 날개는 50년 주기의 풍속 자료로 설계하는데 기후 변화의 극심한 기후이변으로 터빈의 작동과 수명에 무리를 주는 것을 예상할 수 있다. 지금까지 보고한 자료를 보면 유럽의 연간 풍속변화는 10~15%이며 미국의 미네소타지역은 연 5%로 보고했다. 지중해지역에서 풍속 변화율이 높으며 특히 동부 지중해지역에서는 연 평균 66%의 풍속 변화를 보고했다.

과도한 풍속과 돌풍 즉 중부와 북부유럽에서 돌풍, 과도한 풍속의 빈도가 증가한다. 극 방향으로 폭풍경로가 전환되거나 중위도 지역에서 고강도 싸이클론의 증가에 따른 것으로 유추한다.

### ■ 풍력과 영구동토층

영구동토층의 축소와 해빙의 이동에 따라 북부 유럽에 있는 풍력발전소 기반이 불안정하며 이에 대한 준비가 필요하다. 기후변화연구에 의한 예측을 보면 2071년 이후 보타니아 만의 결빙기간이 현재의 130일에서 90일 미만으로 단축될 것으로 예상한다. 영구동토층의 깊이가 변하므로 풍력발전소 기반을 견고하게 유지할 수 있는 디자인변경이 필요하다.

기후변화로 풍력에너지활용은 피해지역(losers)과 수혜지역(winners)을 예상할 수 있다. 북아메리카와 대부분 유럽지역에서 평균 풍속과 에너지밀도가 현재의 연 변화수준 ±15% 이내로 변화할 것으로 예측한다. 북부와 중부유럽에서 과도 풍속(wind speed extremes) 현상이 증가할 것으로 예측하지만 현재는 계량화하기 어렵다.[6]

### ■ 풍력발전시설

청정, 재생 가능한 국내 에너지원으로 해양 풍력에너지원이 대두되고 있다. 이산화탄소 배출이 없으며 오염과 건강 위협이 없는 에너지원으로 미에너지성은 2030년까지 미국의 해양 풍력에너지 잠재력은 54GW로 미에너지성이 예측한다. 미국은 접근 가능한 연안지역을 보유, 연안에서 거리가 증가할수록 풍속이 증가하므로 연안 내륙 풍력원보다 많은 에너지 자원 보유한다. 따라서 2030년까지 20%

---

6) Pryor, S.C., R.J.Barthelmie, "Climate change impacts on wind energy: A review", *Renewable and Sustainable Energy Reviews*, 14, 2010, pp.430~437.

전력을 해양 풍력발전에서 달성하려는 계획을 가진다. 이는 에너지 원의 안정성 대기 수질오염감소, 국내경제의 활성화에 기여할 것으로 예측된다.

덴마크가 1991년 최초로 해양 풍력시설을 설치하고 유럽의 9개국이 830개 터빈을 설치했다. 30미터 이내의 수심에 2,300메가와트 시설을 가지며 중국, 캐나다 미국 등도 해양풍력에 관심이 많다. 시설 설치 계획지역은 대서양지역 북동부, 중부 대서양, 오대호 등이며 서해안은 수심이 깊어서 연구 중에 있다. 유럽에서는 심해에 풍력시설을 설치하는 연구를 진행 중이다. 해양풍력은 날개의 제한조건이 적어 70미터 이상 길이의 날개가 더 빨리 돌 수 있도록 할 수 있으며 소음문제도 없다. 염수에 의한 분해에 견딜 수 있는 소재의 상용과 열대폭풍과 파고에 지탱할 수 있으며 해양생물과 공존하는 문제 등이다. 해양에서 멀어지면서 수심이 증가하는데 따른 문제, 송전거리가 증가하는 문제 이에 관한 관리와 관리요원, 비용을 줄일 수 있는 방안 등을 연구하고 있다. 내륙에 건설되는 풍력발전의 초기비용과 비교해 2배가 소요되며 이는 높은 에너지 생산으로 메꾸고 비용효율적으로 하기 위해 대형 터빈을 설계하고 있다.[7]

**표** 3. 풍력잠재력[8]

| 국가 | 풍력용량(MW) | 전 세계 풍력 잠재력 |
| --- | --- | --- |
| 중국 | 75,564 | 26.8 % |
| 미국 | 60,007 | 21.2 |

---

7) National Renewable Energy Lab, 2010, Large-Scale Offshore Wind Power in the United States ASSESSMENT OF OPPORTUNITIES AND BARRIERS

8) Wind Power Engineer and Development July 2013

| | | |
| --- | --- | --- |
| 독일 | 31,332 | 11.1 |
| 스페인 | 22,796 | 8.1 |
| 인도 | 18,421 | 6.5 |
| 영국 | 8,845 | 3.0 |
| 총 풍력생산량 | 282,482 | 100% |

## 태양에너지

미래의 가장 유망한 에너지원이며 최근에 semiconductor의 가격하락으로 재래적인 에너지원과의 경쟁가능성이 증가했다. 초기 태양열기술은 1860년대 석탄이 곧 고갈될 것을 기대되면서 시작했다. 그러나 20세기 초까지 태양열기술은 정체되는데, 석유와 석탄이 풍부하고 값이 저렴했기 때문이다. 태양에너지를 원천으로 하며 태양에서 일어나는 열, 즉 핵(fusion) 폭발의 분자광(가시광선, 적외선, 자외선 엑스선 등)에너지원이다. 유리한 점은 화학적, 방사능오염 가능성 있는 물질은 태양에 남고 반사에너지만 지구에 도달하며, 지구에 도달하는 에너지양이 크다. 30일간 지구에 도달 에너지는 지구 전체에서 소비되는 화석연료의 양과 같다. 단점은 태양이 항상 뜨지 않는다 것과 태양에너지는 분산된다는 점이다. 열 에너지로써 사용하기 위해 양과 형태를 집중시켜야 한다. 문제해결을 위해 에너지모음, 변환, 저장의 장치가 필요하다. 지표에 47%의 태양에너지가 도달한다. 도달한 에너지로 물을 데우는데 평면집합기가 물을 데우기 위해 태양에너지를 흡수하고 물이 대류로 순환한다. 온수탱크가 저장소로 사용된다. 더워진 물로 증기를 발생하거나 또는 더워진 물을 직접 사용한다. 전 에너지 수요의 70%가 주간에 필요하므로 주간에는 태양에너지를 사용하다가 야간에는 다른 에너지로 전환하는 방법도 있다. 목표는 어떻게 화석연료의 의존율을 감소시키는가이다. 산성비, 이산화탄소증가, 핵에너지의 위험 등을 고려하지 않아도 된다. 오염에서 자유롭고 영구적으로 지속 가능한 에너지원이다. 석탄발전비용이 킬로 와트 당 8~20 cents이며 태양 발전은 50 cents에서 일 달러가 소요된다. 하지만 석탄발전에 의한 오염원제거비용은 포함치 않았다. 미래의 문제는 태양에너지 관련 소재를 얼마나 저렴하게 공급하며 에너지 효율성을 증대시킬 수 있는가이다.

태양에너지 기술의 발전은 단계를 거친다. 1974년 북아메리카에서 6개 단독주택이 태양열체계로 냉난방이 시도되었다. 1973년과 1979년 오일값 인상이 태양에너지기술을 발전시키는데 자극이 되었다. 미국에서는 연방 포토볼테익 프로그램, 일본의 선샤인 프로그램 등이며 독일에서도 연구가 활발해졌다. 1973~1983년 사이 태양발전 시설이 급격히 성장하다가 1980년대 초 유가 하락으로 1984~1996년 사이 태양에너지시설의 건설이 감소되었다. 지구온난화 이슈와 유가, 가스의 공급 불안정으로 태양에너지의 시장가치가(다른 에너지원과 비교하여) 나아지게 되었다.

최초의 발전시설은 미국의 모하비(Mohave) 사막에 지어진 시설이었다. 미국에서 가장 큰 태양발전소는 세크라멘토(에너지성의 후원으로) 2195 Mwh 발전소이며 독일에서는 Finsterwalde Solar Park에 있는 발전소가 가장 큰 규모이다(2010년 80.7MW). 캐나다는 Sarnia Photovoltaic Power Plant(80 MW)이며 스페인은 the Puertollano Photovoltaic Park(50 MW)이다.

표 4. 건설 중인 태양열발전소 solar power construction

| 시설명 | 발전용량 | 발전예정 | 위치 |
| --- | --- | --- | --- |
| Ivanpah solor power facility | 370MW | 미국 2013 | San Bernadino CA |
| Solana Generating station | 280 | 미국 2013 | West of Gila Bend AZ |
| Mojave solar project | 280 | 미국 2014 | Barstow, CA |

## 생물연료

전 세계 25억 이상의 인구가 매일 필요한 에너지원으로 나무를 사용한다. 가공되지 않은 나무, 농업폐기물, 가축배설물 등이 있고 가공된 것으로 숯, 메탄, 목재가공 후 폐기물(logging waste sawdust) 제지산업, 펄프의 폐기물 등이 있다. 브라질에서는 사탕수수에서 얻어지는 연료를 가솔린으로 대체하여 자동차에 사용한다. 미래에 에탄올, 바이오디젤 등이 에너지원으로써 기여할 것으로 기대된다.

바이오디젤로의 전환은 전통적으로 식량 경작하던 대규모 농지의 전환이 필요하므로 경제규모가 큰 국가에서는 힘든 문제이다. 또한

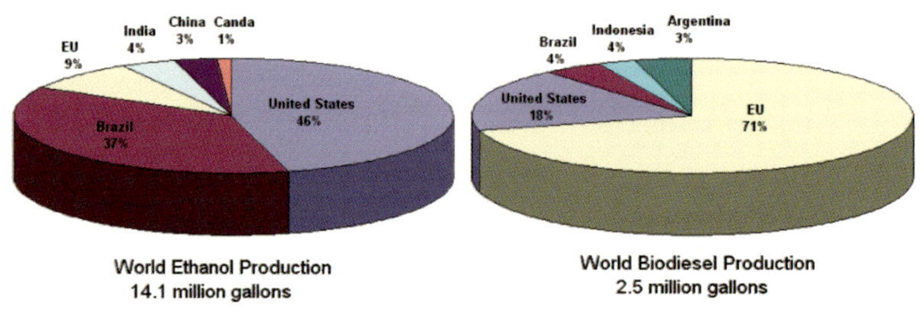


그림 1. 생물연료

경작과 오일 생산, 오일 처리에서 식품가격에 주는 영향이 간과될 수 없다. 길가에 키우는 작물에서 얻는 등 한계경지에서 경작한다면 가능하다. 열대지역은 팜 오일로 바이오디젤 수요를 대처할 수도 있다. 그러나 팜 경작이 열대우림의 종 다양성과 생태경관을 해칠 수 있다는 견해도 있다. 적정작물과 오일 생산을 증가시키기 위해 계속적인 연구가 진행 중이다. 폐기물에서 바이오연료를 만드는 연구(박테리아에 의해 기름기 있는 산을 만들어서 바이오 디젤을 만들어내는) 등이 진행되고 있다. 1978년부터 1996년까지 미국에서 오염 수재처리시설에서 자란 조류를 바이오 디젤로 만드는 연구가 진행되었다. 많은 회사들이 여러 가지 목적으로 조류 생물반응장치(bio reactor)를 개발하려고 시도하였으며 상업화 단계에 이르지 못하고 있다.[9]

## 조력

조수(Tidal Power)와 파도 등이 가능한 에너지원이다. 1100년경 영국, 프랑스, 스페인에서는 Tide mills이 활용되었다. 높은 파도나 조수가 터빈을 돌려 전기를 생산한다. 하구에 보를 설치하고 조수가 들어오면 보를 채우고 비우는 것을 반복하면서 전기를 생산한다. 에너지 사용 장소에서 거리가 멀고 넓은 지역에 퍼져 있다는 문제점이 있다. 전력 생산량은 보의 면적에 따라 다르나 상업용 발전을 가능케 하는 지역은 제한되어 있다. 프랑스의 라랑스 하구 LaRance estuary(1966

---

9) William A Wurts, 2010, Farming algal fuel: Economics challenge process potential, Global Aquaculture Advocate

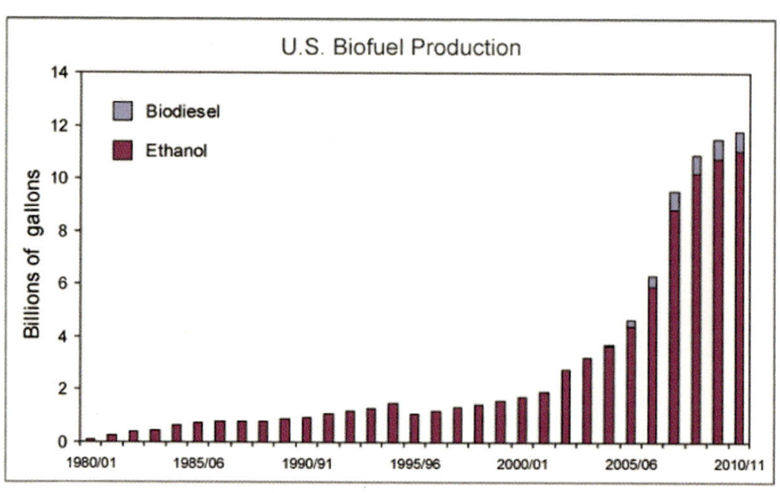


**그림** 2. 미국의 생물연료 활용

년)가 최대 규모이다. 문제점은 퇴적물의 이동 변화, 수질 변화, 먹이 생태계의 영향, 조류와 어류에 주는 영향 등이다. 조력발전은 댐이 훨씬 크다는 점 외에는 수력발전 체계와 유사하다. 댐을 바라지(barrage)라 하며 하구에 지어지며 조수가 나가고 들어옴에 따라 물이 들어오고 조수의 간조와 만조가 터빈을 돌린다. 하천에서 폐기물이 내려 왔는데 바라지에 오랜 시간 머무르게 될 것이다. 새들이 먹이를 구했던 장소에 물이 차 있음으로 먹이를 더 이상 구할 수 없게 된다. 조수가 들어오고 나가면서 발전할 수 있어 하루에 10시간만 사용 가능하다. 유리한 점은 해안에 폭풍이 몰려 올 때 해안선을 보호할 수 있고 하구에서 조류의 급작스런 변화가 생태계에 영향을 줄 수 있다.

표 5. 운행 중인 조력발전소

| 발전소 | 용량 | 국가 | 운행연도 |
|---|---|---|---|
| Annapolic  royal  generating  stn | 20  MW | canada | 1984 |
| Jiangxia | 3.2 | china | 1980 |
| Kislaya  Guba | 1.7 | russia | 1968 |
| Rance | 240 | france | 1966 |
| Strangford  Lough | 1.2 | england | 2008 |
| 울돌목 조력 | 1.5 | 한국 | 2009 |
| 시화호 조력 | 254 | 한국 | 2011 |

건설 중인 조력발전소로는 810,0000 MW 규모의 인천 조력발전소(2015년 완공)가 있다.

## 지열

로마시대부터 온수는 치료목적으로 활용되었다. 지구의 중심은 섭씨 6,000도이며 암석을 녹일 정도의 높은 온도이다. 지구내부로 수 킬로 내려가기만 해도 온도는 250도 정도에 이른다. 대체로 지구 내부로 30~50미터 내려가면서 일도씩 증가(위치에 다라 다르지만)한다. 지열로 수천 년 동안 취사나 난방을 해오기도 했다. 지하로 구멍을 내면 증기가 나오고 이로 터빈을 돌리고 전기를 생산하는 기계를 작동한다. 아이슬란드는 1930년에서부터 지열(Geothermal energy)로 빌딩 난방을 시작했으며 프랑스, 이탈리아, 뉴질랜드, 미국에서 지역에 따라서는 활용가능성이 증대되고 있다. 엘살바도르, 케냐, 필리핀, 니카라구아에서도 활용될 수 있으나 대부분의 국가에서 중요한 비중의 에너지원이 될 수 있는 가능성은 희박하다.

　최초의 지열발전소는 란드렐로(이탈리아)에 건설되었고 제2 발전소는 뉴질랜드의 와이게 케이, 이어서 아이슬랜드, 일본, 필리핀, 미국에 건설되었다. 지열에너지는 화산활동이 활발한 아이슬랜드와 뉴질랜드의 중요한 자원이다. 나오는 물이 얼마나 온도가 높은가에 따라서 유용성이 결정된다. 이는 얼마나 암석이 더운가, 얼마나 많은 물을 나오게 할 수 있는가에 달려있다. 지열이 높은 지역에서 암석사이에 있는 틈을 따라 물이 나오고 모아지는 우물(well)을 거쳐 스팀이 지표에 도달하며 그 증기로 터빈발전기를 움직이며 더운 물이 돌면서 건물에 난방하게 된다.

　지구 심층에서 나온 이산화탄소, 황화수소, 메탄 암모니아 등의 가스를 함유한 더운 물이며 이러한 오염원은 지구온난화, 산성비, 유독한 냄새를 배출할 수 있다. 용해가스 외에 지열에서의 열수는 유독한 화학물질, 수은, 비소, 붕소, 안티몬, 소금 등도 포함한다. 이러한 화학물질은 물이 냉각되면서 나오고 환경적 재해가 될 수 있다. 지열발전소 건설은 지반안정을 위협한다. 지반침하가 뉴질랜드의 와이라케이(Wairakei)에서 일어났다.[10] 지진이 일어나기도 한다. 스위스 바젤에서 3, 4 규모의 지진이 10,000번 이상 감지되어 계획이 중지되고, 지열 드릴링의 위험으로 융기가 일어나기도 한다. 지열발전은 연료가 필요 없으나 자본비용은 높은 편인데 드릴링에 비용의 절반이 들어간다. 고도로 발전된 지열발전의 경우 자본비용이 400만 달러/MW 이며 0.054 달러/kwh(2007년)이다. 지열발전의 규모가 다양해서 마을 단위를 공급하는 것과 하나의 시에 전기를 공급하는 것이 있다. 세브론이 세계에서 최대 지열발전 공급자이며 캘리포니아에

---

10) Geothermal Energy and electricity generation, New Zealand Geothermal Association

는 가이저에서 개발된 15개 발전소를 가지며 725MW 발전한다.[11]

**표 6. 국가별 지열발전량**

| 국가 | MW | 발전량 비율(%) |
| --- | --- | --- |
| 미국 | 3086 | 0.3 |
| 필리핀 | 1904 | 27 |
| 인도네시아 | 1197 | 3.7 |
| 멕시코 | 1197 | 3.7 |
| 뉴질랜드 | 628 | 10 |
| 아이슬랜드 | 575 | 30 |
| 일본 | 536 | 0.1 |
| 케냐 | 167 | 11.2 |
| 코스타리카 | 166 | 14 |
| 니카라구아 | 88 | 10 |

## 원자력발전

1950년대부터 핵의 비군사적이용에 관한 논의가 시작되면서 싸고, 폐기물이 적고 안전한 에너지(clean, cheap, and safe energy)로 환영받기 시작했다. 2013년 현재 31개 국에서 핵 발전을 하고 있으며 세계 에너지생산의 13%를 차지한다(프랑스는 70% 이상). 환경적 관심사는 방사성 물질이라는 것이다. 따라서 생물에 위해할 수 있다는 것이다. 발전에서 나오는 폐기물질들은 상당히 오랫동안 방사능(radio activity)을 방출한다는 것이다. 핵에너지 관한 논쟁은 1980년대 최고조에 이르렀다. 핵에너지의 찬성론자들은 지속가능한 자원으로 여기고 화석연료 의존을 줄여 이산화탄소 증가를 억제할 수 있고 대기오

---

11) Chevron website, geothermal human energy renewable energy for power generation

염이 없고 화석연료의 대체재가 된다는 것이다. 찬성론자들은 핵에 너지로 대부분 서방국가들이 에너지 독립을 취할 수 있다고 여겼다. 핵 폐기물을 저장하는 것은 보다 나은 기술로 위험을 감소시킬 수 있다는 것이다. 반대론자들은 우라늄광산, 핵물질 처리와 운송, 핵무기 개발가능성 등으로 나타나는 환경과 인간의 건강위협과 위해를 지적한다. 핵 발전시설은 복잡한 기술이며 잘못되면 심각한 핵 사고에 이른다는 것이다.

핵폐기물을 3단계로 분류한다. 영국의 Sellafield의 경우 저위험 폐기물(low-level waste)는 바다에 버리고 중간위험 폐기물(intermediate level waste)은 드럼에 넣어서 바다에 버리다 최근에는 매립으로 전환하고 있다. 스웨덴에서는 발틱 해 해저에 보관한다(submarine repository for short lived below the bed of the baltic sea). 고위험 폐기물(high level waste)은 소량이지만 이를 둘러싼 정치적인 이슈가 복잡하며 핵 산업전문가들은 고위험, 중간위험 폐기물이 지질적으로 안정된 곳에 저장되면 충분하다고 보고하고 있다. 그러나 반대하는 측에서는 좀 더 나은 관리방법이 개발되기까지 지표에 보관되어야 한다고 주장한다. 계속해서 핵폐기물의 처리에 관한 기술수준이 발전되고 있으나 정치적인 측면에서의 해결이 필요하다.[12]

## ■ 원자력 발전 관련 사고

1952년 Canada의 Chalk River에서 1957년 영국 Windscale, 1979년 미국 Three Mile Island 사고가 있었다. 1986년 우크라이나의 체

---

12) Nick Middleton, 1995, Global casino, an introduction to environmental issues, Edward Arnold

르노빌(Chernobyl)이 가장 큰 사고로 북반구 전역으로 방사성물질이 퍼지고 강우에 내리고 오스트리아, 불가리아, 핀란드, 독일, 노르웨이, 루마니아, 유고슬라비아, 영국, 스위스, 러시아 등에 방사성 물질 발견되었다. 관심은 인간에게 올 수 있는 생리·의학적 위험에 관한 점이다. Casium 134, 137 물질은 30년의 반감기를 가지며 먹이사슬을 따라 방사능 물질이 축적되는 것에 대한 문제가 제기되고 있다. 방사능물질이 토양에서 재배하는 야채와 육류로 이어지는 문제이다.

2011년 3월 21일 북서태평양 일본 센다이 동쪽 130km 지점에서 규모 9.0의 지진이 발생하여 가공할 파괴력의 쓰나미를 발생시켰다. 지진 발생 수분 후 높이 10m가 넘는 가공할 파괴력의 쓰나미가 일본을 덮쳐서 해안에서 10km까지 침수가 했다. 일본 동북지방 일대의 원전 29기 가운데 11기의 가동이 즉각 자동 중단되었다. 또한, 후쿠시마현에 있는 후쿠시마 제1원자력발전소 1호기와 2호기에서는 지진 발생 약 1시간 후에 내습 강타한 쓰나미로 인한 침수로 냉각기기의 작동 중단 사태가 발생하였다. 이번 사고의 원인은 지진과 약 15m 정도로 추정되는 쓰나미의 내습에 따른 비상발전기의 침수로 전기 공급이 제대로 이뤄지지 않아 원자로에 냉각수가 공급되지 않은 상태가 지속되어 핵 연료봉 내 온도가 섭씨 2,000~3,000도로 상승되면서 핵 연료봉 피복 일부가 녹아 발생한 노심용융(爐心鎔融, meltdown)이었다.[13]

### ■ 원자력 발전계획

많은 국가들은 사고의 가능성에도 불구하고 원자력에너지가 가격

---

13) 한국과학기술정보연구원, 2011, 후쿠시마 원자력발전소 사고와 방사능 피해 및 사회적 영향

이 싸고 화석연료 대체재로서 많은 국가들은 원자력 발전을 계획하고 있다.

표 7. 계획, 건설 중인 원자력발전시설

| Commercial Operation* | | REACTOR | TYPE | MWe (net) |
|---|---|---|---|---|
| 2012 | Iran, AEOI | Bushehr 1 | PWR | 950 |
| 2012 | Russia, Rosenergoatom | Kalinin 4 | PWR | 950 |
| 2012 | Canada, Bruce Pwr | Bruce A1 | PHWR | 769 |
| 2012 | Canada, Bruce Pwr | Bruce A2 | PHWR | 769 |
| 2012 | Canada, NB Power | Point Lepreau 1 | PHWR | 635 |
| 2012 | India, NPCIL | Kudankulam 1 | PWR | 950 |
| 2012 | India, NPCIL | Kudankulam 2 | PWR | 950 |
| 2012 | China, CNNC | Qinshan phase II-4 | PWR | 650 |
| 2012 | China, CGNPC | Hongyanhe 1 | PWR | 1080 |
| 2012 | China, CGNPC | Ningde 1 | PWR | 1080 |
| 2013 | Korea, KHNP | Shin Wolsong 2 | PWR | 1000 |
| 2013 | Korea, KHNP | Shin-Kori 3 | PWR | 1350 |
| 2013 | Russia, Rosenergoatom | Leningrad II-1 | PWR | 1070 |
| 2013 | Argentina, CNEA | Atucha 2 | PHWR | 692 |
| 2013 | China, CNNC | Sanmen 1 | PWR | 1250 |
| 2013 | China, CGNPC | Ningde 2 | PWR | 1080 |
| 2013 | China, CGNPC | Yangjiang 1 | PWR | 1080 |
| 2013 | China, CGNPC | Taishan 1 | PWR | 1700 |
| 2013 | China, CNNC | Fangjiashan 1 | PWR | 1080 |
| 2013 | China, CNNC | Fuqing 1 | PWR | 1080 |
| 2013 | China, CGNPC | Hongyanhe 2 | PWR | 1080 |
| 2013 | India, Bhavini | Kalpakkam | FBR | 470 |
| 2014 | Finland, TVO | Olkilouto 3 | PWR | 1600 |
| 2014 | Russia, Rosenergoatom | Vilyuchinsk | PWR x 2 | 70 |
| 2014 | Russia, Rosenergoatom | Novovoronezh II-1 | PWR | 1070 |
| 2014 | Slovakia, SE | Mochovce 3 | PWR | 440 |
| 2014 | Slovakia, SE | Mochovce 4 | PWR | 440 |

| 2014 | Taiwan Power | Lungmen 1 | ABWR | 1300 |
| 2014 | China, CNNC | Sanmen 2 | PWR | 1250 |
| 2014 | China, CPI | Haiyang 1 | PWR | 1250 |
| 2014 | China, CGNPC | Ningde 3 | PWR | 1080 |
| 2014 | China, CGNPC | Hongyanhe 3 | PWR | 1080 |
| 2014 | China, CGNPC | Hongyanhe 4 | PWR | 1080 |
| 2014 | China, CGNPC | Yangjiang 2 | PWR | 1080 |
| 2014 | China, CGNPC | Taishan 2 | PWR | 1700 |
| 2014 | China, CNNC | Fangjiashan 2 | PWR | 1080 |
| 2014 | China, CNNC | Fuqing 2 | PWR | 1080 |
| 2014 | China, CNNC | Changjiang 1 | PWR | 650 |
| 2014 | Korea, KHNP | Shin-Kori 4 | PWR | 1350 |
| 2014? | Japan, Chugoku | Shimane 3 | ABWR | 1375 |
| 2014? | Japan, EPDC/J Power | Ohma 1 | ABWR | 1350 |
| 2014 | Russia, Rosenergoatom | Beloyarsk 4 | FNR | 750 |
| 2015 | USA, TVA | Watts Bar 2 | PWR | 1180 |
| 2015 | Russia, Rosenergoatom | Rostov 3 | PWR | 1070 |
| 2015 | Taiwan Power | Lungmen 2 | ABWR | 1300 |
| 2015 | China, CGNPC | Yangjiang 3 | PWR | 1080 |
| 2015 | China, CPI | Haiyang 2 | PWR | 1250 |
| 2015 | China, CGNPC | Ningde 4 | PWR | 1080 |
| 2015 | China, CGNPC | Fangchenggang 1 | PWR | 1080 |
| 2015 | China, CNNC | Changjiang 2 | PWR | 650 |
| 2015 | China, CNNC | Fuqing 3 | PWR | 1080 |
| 2015 | China, China Huaneng | Shidaowan | HTR | 200 |
| 2015 | India, NPCIL | Kakrapar 3 | PHWR | 640 |
| 2016 | France, EdF | Flamanville 3 | PWR | 1600 |
| 2016 | Russia, Rosenergoatom | Novovoronezh II-2 | PWR | 1070 |
| 2016 | Russia, Rosenergoatom | Leningrad II-2 | PWR | 1200 |
| 2016 | Ukraine, Energoatom | Khmelnitsky 3 | PWR | 1000 |
| 2016 | India, NPCIL | Kakrapar 4 | PHWR | 640 |
| 2016 | India, NPCIL | Rajasthan 7 | PHWR | 640 |
| 2016 | China, CGNPC | Yangjiang 4 | PWR | 1080 |
| 2016 | China, CGNPC | Hongyanhe 5 | PWR | 1080 |
| 2015 | China, CNNC | Hongshiding 1 | PWR | 1080 |

| | | | | |
|---|---|---|---|---|
| 2016 | China, | several others | PWR | |
| 2016 | Pakistan, PAEC | Chashma 3 | PWR | 300 |
| 2016 | USA, Southern | Vogtle 3 | PWR | 1200 |
| 2017 | Russia, Rosenergoatom | Baltic 1 | PWR | 1200 |
| 2017 | Russia, Rosenergoatom | Rostov 4 | PWR | 1200 |
| 2017 | Russia, Rosenergoatom | Leningrad II-3 | PWR | 1200 |
| 2017 | Ukraine, Energoatom | Khmelnitsky 4 | PWR | 1000 |
| 2017 | Korea, KHNP | Shin-Ulchin 1 | PWR | 1350 |
| 2017 | India, NPCIL | Rajasthan 8 | PHWR | 640 |
| 2017 | Romania, SNN | Cernavoda 3 | PHWR | 655 |
| 2017? | Japan, JAPC | Tsuruga 3 | APWR | 1538 |
| 2017 | Pakistan, PAEC | Chashma 4 | PWR | 300 |
| 2017 | USA, Southern | Vogtle 4 | PWR | 1200 |
| 2017 | USA, SCEG | Summer 2 | PWR | 1200 |
| 2017 | China, | several | | |
| 2018 | Korea, KHNP | Shin-Ulchin 2 | PWR | 1350 |

Sources: world nuclear association library

Part 6

# 교통과 환경

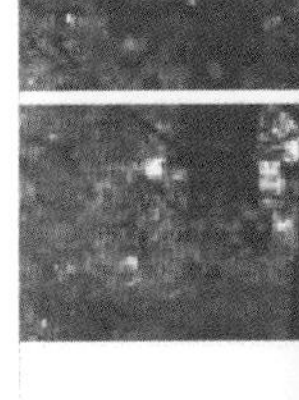
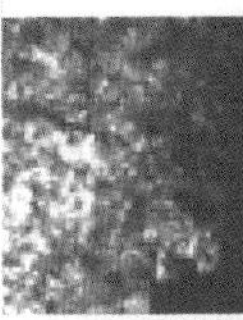

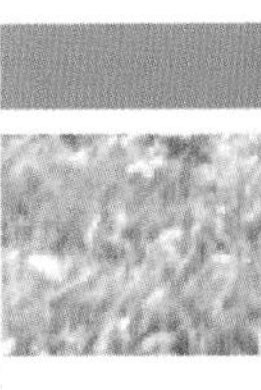

인간의 기본적인 활동인 이동(movement)을 위해 운송수단을 사용한다.

운송수단으로는 육상, 해상, 공중이동이 가능하며 각 수단은 이동을 효율화시키기 위해 속도의 증가를 추구한다. 1950년대에 차량 한 대로 45명이 이동했으며 1970년대에는 18명, 1990년대에는 12명이 이동하고 있다.[1] 더 빨리 더 효율적으로 이동하고 있다.

인간의 이동은 환경에 비용(environmental price)을 지불해야 된다. 교통은 중장기적으로 자연환경, 인공환경, 개인생활에 결정적이며 중요한 영향을 주며 지구온난화에도 크게 영향을 준다. 교통에 대한 제어조치(mitigation measures) 없이는 지속가능하지 않다. 교통은 자연환경에 자원사용, 폐기물 발생, 지표점유로 영향을 주며, 환경적 측면에서 대기, 소음, 공해와 관련된다.

## 교통 관련 환경효과

18세기 영국인들은 철도건설에 운하철도회사(Canal railway company) 건설에 반대했다. 공항, 역, 항구, 도로, 철도 건설 등은 국립공원지역과 야생동물 자연보호구역에서 문제가 발생한다. 우선 건설 당시 경관의 훼손이 제기된다. 1830년대 니제로(Niger) 강에서 목재를 연료로 하는 배가 출현하면서 삼림이 파괴되기 시작했다.

1885년 Senegal 철도 건설당시 대규모의 삼림벌채가 행해졌다. 도로를 1Km 건설하기 위해 25,000톤의 암반이 파쇄되고 이는 경관의

---

1) Enropean Communities, 2009, Transport and the environment

훼손을 수반한다. 알라스카 고속도로(Alaska Highway)를 건설하면서 영구동토층이 녹게 되었고 지반침하가 발생했다. 쿠알라룸푸르 고속도로(Kuala Lumpur Ipoh Highway) 건설로 인해 엄청난 토양침식과 사면붕괴가 발생했다. 19세기 시베리아 횡단철도(Trans Siberian railway)를 건설하여 시베리아의 지하자원 개발을 시작했다.

교통으로 인한 주요 환경문제들은 육지, 대기, 물, 자원에 주는 영향이다. 모든 교통수단이 친환경, 안전, 에너지 효율의 증대 수단으로 인식되기를 바라지만 교통정책 결정자들은 환경에 주는 영향에 관한 연구를 지속한다.

EU는 5차, 6차 프로그램에서 교통정책 결정자에게 육지, 공기, 물, 자원에 대한 교통의 영향(수질과 진동의 영향 제외) 연구를 제시했다. 이는 환경문제에 관한 기술적 해결과 행태적 해결 등을 다루었다. 프로그램 보고서는 기술적·행태적 해결방법의 결합이 필요함을 지적하고 있다. 더 어렵고 새로운 기술을 추구하기 보다는, 시민들의 행태적 변화(behaviour change)가 보다 더 직접적 영향을 제공할 수 있다. 정부정책을 통해 통행으로 가져 올 환경적 측면에 더 관심을 가지게 유도한다. 환경에 대한 측면에서 교통지속가능성은 대기오염, 소음방지, 지표점유, 자원사용 등의 관점에서 다룬다. 대기오염을 줄이는 데는 기술개발이 중요한 역할을 할 수 있다.

구체적으로 시민들의 행태적 해결노력은 원격근무를 위한 통행감소, IT 기술 활용으로 통행 대체, 자전거의 사용 장려, 대중교통의 사용 장려 등이다.

■ **자원사용**(resource use)

전 세계적으로 연간 에너지 소비는 0.7~2% 증가할 것으로 예상
된다. 특히 OECD가 아닌, 아시아 지역의 국가에서 많이 증가할 것
으로 보인다. 원유생산이 2020년 이전에 정상에 도달할 것으로 예상
하며 그 이후 감소할 것으로 보인다. 2030년 원유 소비량 중 118백
만 배럴/일 규모가 교통부문에서 차지하여 세계 유류 수요의 63%
차지할 것으로 예측하고 있다. 새로운 기술이 소개되고 가격경쟁력
을 가지면서 실용화할 수 있는가를 입증하는데 소요되는 시간에 따
라 원유 외의 자원으로 대체될 수 있다.

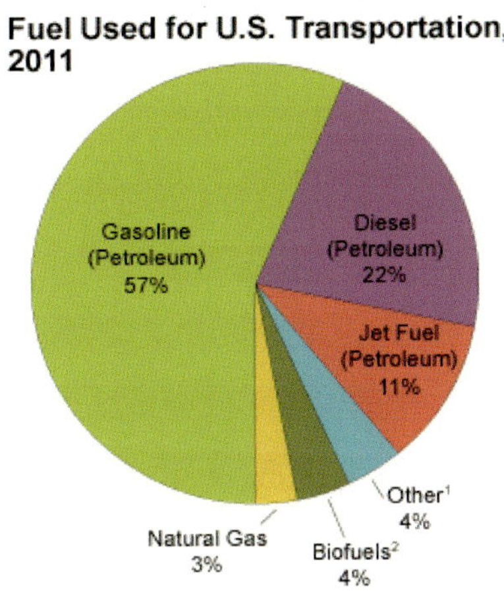


European environment agency, 2011 transport final energy
consumption by mode

**그림** 1. 교통부문 연료사용(미국)

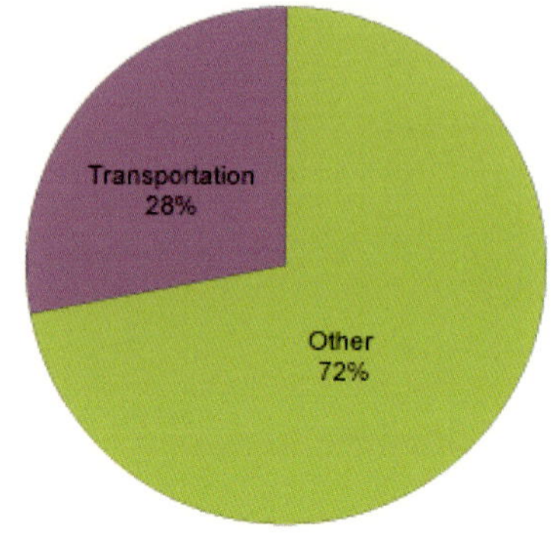



그림 2. 에너지 사용비율

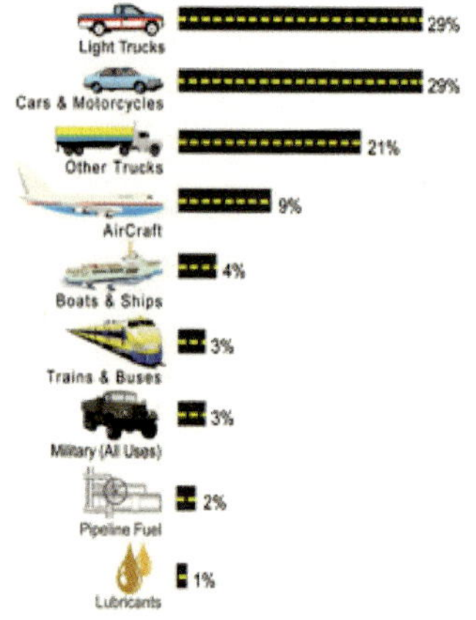



그림 3. 교통수단별 에너지 사용

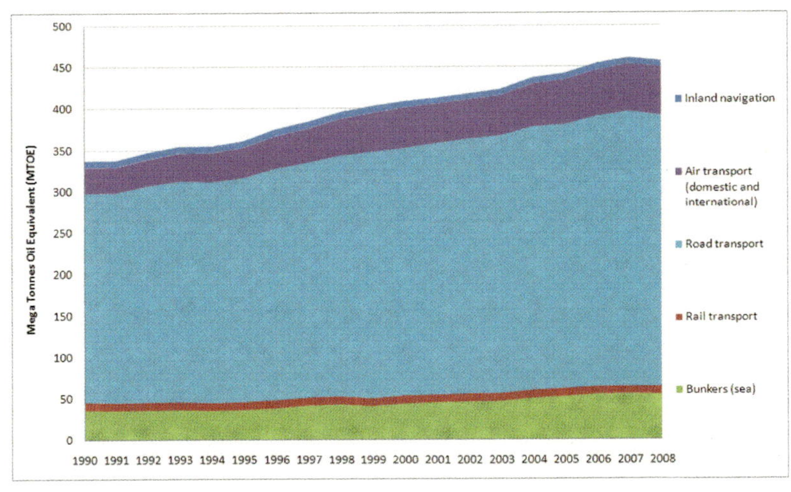



그림 4. 육상, 해상 수단별 에너지사용

## ■ 대기오염

도시 대기 오염의 주요원인은 자동차이다. 각국의 인구증가, 생활 수준의 향상은 차량수를 증가시키며 대기오염도 가속화되고 있다. 일반적으로 주목하고 있는 대기오염물질은, PM(Particulate Matter: 입자상물질, 미세먼지), 오존$O_3$ , 일산화탄소CO, 이산화황$SO_2$ , 이산화질소$NO_2$ , 납Pb, 휘발성 유기화합물 VOCs(Volatile Organic Compounds) 및 PAHs(Polycyclic Aromatic Hydro-carbons 多環방향족탄화수소) 등이다. 고농도 일산화탄소CO는 교통량이 많은 교통 혼잡지역에서 발생한다. 다른 대기 오염물 배출과 마찬가지로 도시지역에서 일산화탄소 농도 수준은 교통밀도, 교통 혼잡 및 기상조건에 크게 영향을 받는다. 대기 일산화탄소 농도는 일일, 계절적 및 복잡한 공간적 분포변화를 가진다.

이산화질소$NO_2$는 교통관련 대기오염물질이고 또한 광화학적 스모그 및 지상 오존의 전구체이다. 대기 중 이산화질소$NO_2$는 배출원으로 부터 직접오거나 또는 대기 중 화학반응에서 유래된다.

전 세계적으로 매년 자동차는 5.2% 증가하고 인구는 2.1% 증가한다. 도시지역에서 디젤 엔진, 버스 및 트럭이 50~60%의 교통관련 배출을 발생시켜 차량배기가 주요 대기오염원이다. 청정연료의 사용, 배출기준의 강화, 정기적인 차량검사 프로그램의 시행 등으로 청정대기를 실현하려 한다. 유럽연합, 미국, 일본 등의 선진국에서 보다 강화된 배출규제로 대기오염 위험도를 감소시키고 있다.

교통 관련 대기오염에 의한 호흡기 및 심장혈관에 잠재적 위해(危害) 영향에 관하여 관심이 증가하고 있다. 그러므로 도시지역 주민에 대한 교통 관련 오염에 의한 잠재적 질병가능성에 관하여 많은 역학조사가 수행되었다.[2] 자동차 배기에 노출될 가능성이 높은 주요도로에서 300~500m 이내의 범위에 거주하는 사람들의 조사에서 여러 질병 가능성이 조사되었는데 천식이 악화된다는 인과관계는 입증되었으나 나머지 질병에 관해서는 충분한 연구가 부족하다.[3] 자동차용 연료가 대기 질에 주는 영향을 표준오염물질 관점에서 예의 주시하고 있다. 현재 규제하고 있는 인체건강에 영향을 주는 1차 표준 오염물질은 CO와 납이다. 납은 옥탄가 향상을 위해 노력하다가 미국은 1996년부터 도로용 자동차에 한해 사용이 금지되었다. 동식물과 인체에 유해한 성분이 납 성분이다. 아직도 엔진이 스타트할 때는

---


2) Xianglu Han, Luke P. Naeher,2006, "A review of traffic-related air pollution exposure assessment studies in the developing world", *Environment International, 32, pp.106~120*

3) Traffic-Related Air Pollution: A Critical Review of the Literature on Emissions, Exposure, and Health Effects, A Special Report of the HEI Panel on the Health Effects of Traffic-Related Air Pollution January 2010, Health Effect Institute report

상당히 위험한 양이 배출될 수 있다. 규제되고 있는 간접적인 1차 오염물질은 VOC와 NO₂, NO다. 석탄 연소와는 달리 가솔린 연소에서는 주로 열적 일산화질소NO, 이산화질소가 배출되고 VOC는 주로 주유시의 기름누출과 같이 불안전연소에 기인한다. 또한 질소산화물과 VOC는 햇빛의 존재로 광화학반응을 일으켜 2차 오염 물질인 오존을 생성하기 때문에 현재 규제되는 항목에 들어있다.

대기 독성물질로 1990년 9월부터 주목받고 있는 것으로 벤젠, 1,3-butadiene, 포름알데히드, 아세트알데히드, POM 등이 있다. 그 중에서도 벤젠은 총 배출의 65~80%를 차지하고 있고, US-EPA가 발암성물질로 분류하고 있는 것이다.[4]

경차나 트럭으로부터 $CO_2$ 배출은 전 세계 배출량의 10%를 차지하고 미국 단독으로 이 중 45%를 점유하고 있다.[5] 미국은 1970년부터 촉매에 의한 배출물질 관리로 표준오염물질의 1차 배출을 60% 가량 감소시켰으나 $CO_2$ 배출은 70%나 증가했다. 가솔린 연소로 인한 $CO_2$ 배출 감소는 연료경제의 활성화로 연료사용을 줄이는 길밖에는 없다.

### ■ 기후변화

기후변화를 조정할 수 있는 이산화탄소 배출 제한의 어려움에 대한 기술적 해결방법과 행태적 변화에 의한 해결방법이 시도되고 있다. 우리나라도 교통부문은 우리나라 에너지부문 연간 온실가스 배출양의 20% 정도를 배출하고 있다.[6] 미국은 2016년까지 자동차의 연료소비

---

4) US EPA

5) IEA, 2005

효율 기준을 갤런(3,785ℓ )당 34.1마일(ℓ 당 14.5km)로 상향시키려하고 있다. 2012~2016년 모델의 모든 차량에 이를 적용하며 2016년 판매되는 차량에 대해 마일 당 $CO_2$ 배출량을 250g으로 제한하려 한다. EU 국가들은 자동차 $CO_2$ 배출허용기준을 2012년부터 130g/km, 2020년부터 95g/km로 강화하고 기준을 만족하지 못할 경우 2012년부터 자동차 제작사에게 $CO_2$ 초과 g당 5유로, 2019년부터는 95유로의 벌금을 부과할 예정이다. 일본은 연비를 2010년 15.1km/ℓ , 2015년 16.8km/ℓ 로 상향 조정하고 미달성 시 제작사에 공표하며, 제작사가 명령 미 이행시 벌금(100만 엔 이하)을 부과할 수 있다. 한국은 2011년까지 연비를 배기량 1,600cc 이하 차량은 12.4km/ℓ , 배기량 1600cc 초과는 9.6km/ℓ 로 제한하고 2015년부터 내수차량의 평균연비를 17km/ℓ , 온실가스 평균 배출량을 140g/km 기준으로 규제할 예정이다.[7]

### ■ 폐기물

자동차가 폐기된 때는 납, 수은, 카드뮴, 크롬 등의 환경위해물질을 가지며 재활용할 수 있는 물질은 철, 알루미늄이다. 플라스틱은 소각이나 매립하며, 대형폐기물로 폐타이어는 소각에서 재활용을 증가시키려 노력한다. 위험한 액체물질, 브레이크오일 등에 관한 연구는 미흡하다.

### ■ 토지점유

도로를 건설하게 되면 도로와 인접구역은 토지점유로 더 이상 다

---

6) 조준행 et al, 2008, 한국교통연구원, 수송부문 온실가스 배출통계체계 구축 및 관리방안,

7) 조준행 et al, 2008, 전게서

른 토지이용이 불가능하다. 또한 인접지역에서는 도로건설 후 교통량에 따라 많은 환경위해적 요소가 누적될 수 있다. 따라서 도로계획 설계단계에서부터 환경영향평가를 고려하여 최적노선선정을 계획한다. 예정 도로노선도와 국토환경지도와 생태자연도를 중첩하여 예상 도로노선 또는 대안노선 주변의 도로개통으로 야기될 수 있는 환경영향을 조사한다.[8]

생태적 환경적으로 보전가치가 있는 지역은 녹지자연도 8등급, 생태경관 보전지역, 생태자연도 1등급 권역, 야생동식물보호구역, 습지보호구역 등이다. 이러한 지역은 생물서식공간으로 우선시되므로 도로건설에 의한 지표 점유와 서식지 분할에 대해서는 신중히 검토한다. 계획노선지역에서 지형의 훼손은 주요 식물 종(법적보호종, 희귀종, 보호수, 노거수 등)의 생육에 직접적인 영향을 미칠 수 있다. 이와 같은 식물종의 서식지 내 보전이나 서식지외 보전 가능성에 대해서는 식물종의 생태적인 특성과 기후, 지형, 토양환경, 등을 고려하여 평가하고 이를 보전할 수 있도록 노선 선정 시 세심히 검토한다.

도로건설은 동물의 생활권이나 행동권의 분리를 초래한다. 물, 먹이, 번식 등을 위한 이동을 곤란하게 한다. 또한 서식처가 양분됨으로써 활동영역이 좁아져 새로운 서식공간을 찾아 위험을 무릅쓰고 도로를 횡단하면서 이동하게 되어 교통사고의 위험성이 높아지는 등 문제점이 발생한다. 따라서 법종 보호종이나 희귀종 등의 중요종과 이동성이 강한 동물에 대해서는 사업시행으로 인한 영향을 예측하고 노선선정 과정에서 이를 충분히 고려한다.[9]

---

8) 국토해양부, 환경부, 2010, 환경친화적인 도로건설지침.
9) 국토해양부, 환경부, 2010, 환경친화적인 도로건설지침.

■ 도로건설과 물 환경

1) 지표수오염

수질항목은 도로가 통과하는 지역에서 현재 사용 중이거나 사용 예정에 있는 수질관련 용도지역 또는 시설물을 파악함으로써 도로건설이 인근지역의 수환경과 수자원 이용에 미치는 영향에 대해 평가하는 것이다. 수질항목을 평가하기 위해서는 노선 및 인근의 상수원보호구역, 취수장, 정수장 등과 지역현황으로 공장, 사업장 등 주요 오염발생원의 분포 및 발생 상황, 하수종말처리시설, 오수 정화시설, 분뇨처리시설 및 기타 처리시설에 대해 현황조사가 필요하다.

수질 항목에서 도로노선 선정 시 주요 검토사항은 다음과 같다.

수질보전 관련 용도지역 혹은 시설물의 우회 고려 노선선정과 관련하여 상수원보호구역, 수질보전구역, 수변구역 등 보호 및 관리가 요구되는 지역과 취수장, 정수장, 보전가치가 있는 저수지 등 시설물에 대해서는 가능한 한 보전을 검토한다. 취수장 및 정수장 등에 대해서는 취수장 위치, 취수지점, 취수량 등에 대한 현황을 조사하고 도로 사업으로 인한 영향을 최소화할 수 있도록 고려한다.

교량공사, 제방축조 등으로 발생하는 토사유출이 하천, 습지 등의 담수생태계에 미치는 영향을 최소화한다. 도로건설 시 교량, 제방 등의 공사로 인하여 발생하는 토사유출로 하천생태계에 미치는 영향이 최소화할 수 있도록 노선 선정 시 고려한다. 하천의 경우 탁도가 증가할 경우 토양의 미세입자가 하상을 덮게 되어, 1차 생산자로서의 역할과 기능을 담당하는 부착조류의 광합성이 저해되고, 생산량 감소가 예상되는 등 문제점이 발생한다. 어류의 경우는 토양의 미세한 입자에 의한 아가미 막힘 현상으로 개체 수 감소 등의 영향이 예상되므로 이를 고려하여 도로노선 선정이 이루어져야 한다.

2) 지하수계 영향

지하수는 유동속도가 느리고 희석이 제한적이기 때문에 오염물질에 의해 오염되었을 경우 상당기간 오염상태가 지속된다. 특히 주변에 폐공이 위치할 경우에는 도로 노선선정 시 주의해야 한다.

터널공사를 계획하면 지하수에 주는 영향을 최소화하기 위한 노력이 필요하다. 터널 시공에 따른 지하수계 영향평가를 시행하는데 노선을 중심으로 지하수위 모니터링(노선 좌우 100미터 이내 최소 6개 지점에서 수리실험을 실시), 현장 수질 자료의 취득, 지하수계에 영향을 주는 시설을 파악하는 등이다.[10]

### ■ 소음 · 진동

자동차의 급속한 증가추세와 인구밀도가 높은 주거특성상 도로건설로 인한 소음 · 진동은 지역 주민들에게 영향을 준다. 따라서 소음 · 진동에서의 평가방향은 계획노선의 건설로 인해 법적으로 제시된 환경기준을 만족시키는지에 대한 것을 검토한다. 도로의 신설이나 확장 시 소음예측시험을 실시하여 필요한 장소에 방음벽을 설치한다. 상주인구와 학생이 많고 병상 수가 많은 지역은 특히 소음문제가 발생할 우려가 크다. 방음벽 설치는 음원에 가까운 쪽을 택한다. 도로 포장면의 거칠기와 재질을 개량함으로써 소음을 저감시킬 수

---

10) 이정호 외, 2005, 터널로 인한 지하수영향저감방안연구, 한국환경정책평가연구원

있다. 소음 피해예상지역이 소음·진동에 민감한 구조물, 문화재보
호구역, 조수보호구역이면 더욱 세심한 계획이 필요하다.[11]

## 교통과 생물권의 영향

교통시설 건설에 의해 동식물의 이동이 촉진되거나 제어 당한다.
운하의 건설로 해양과 습지 생태계의 멸종을 가져올 수 있다. 미국
의 오대호에서 이리운하(erie canal) 개통 후 대서양으로부터 종 유입
이 일어나 칠성장어(sea lamprey), 청어(the alewife), 송어(lake trout)
연어(atlantic Salmon)가 감소하여 칠성장어를 위해 연 일백만 불 이
상을 지불했다. 카스피 해에서는 유럽에서 오는 유조선에 의한 유입
으로 추정되는 홍합(mussel)이 새로이 출현하기 시작했다.

1991년 페루에 콜레라가 전염되었는데 항구에 정박 중인 화물선
에 의해 중국으로부터 전염된 것이다. 1970년대 브라질의 느릅나무
에 피해를 가져온 것은 남부 항구에 있던 목재로부터 느릅나무 입고
병(Dutch elm disease fungus)이 퍼진 것이다. 철도 건설에 의해 순록
(wild reindeer)이 확산되지 못한 경우도 보고되었다.[12]

## 혼잡통행료 정책

혼잡통행료의 기본 취지는 우리가 흔히 일컫는 '러시아워' 시간대
에 도심지의 혼잡한 지역을 통과하는 차량으로부터 일정금액을 징

---


11) 국토해양부, 환경부, 2010, 환경친화적인 도로건설지침.

12) Klein,D.R. 1971, Reaction of reindeer to obstructions and disturbances, Science Vol.173

수하여 도로이용의 효율성을 저해하는 소수의 인원이 탑승한 승용차의 이용을 억제해 교통 혼잡을 완화하고 이로 인한 연료의 낭비, 대기오염 등의 부정적 외부효과를 줄이고자 하는 것이다.

런던의 혼잡통행료는 2003년 2월 17일 도심지역을 지나는 차량에게 혼잡통행료를 징수하는 것으로 시작하여 2007년 2월 19일에 런던 내 서쪽 지역까지 확장하였다. 초기에는 5파운드(한화 약 10,000원)의 통행료를 부과하였으나, 2005년 7월에 8파운드(한화 약 16,000원)로 인상하였다. 혼잡통행료 징수시간은 주말 및 휴일을 제외한 주중 07:00~18:30까지이며 모든 차량을 대상으로 하되 버스, 택시, 장애인 차량, 긴급차량, 대체연료차량, 국가보건서비스(National Health Service)차량은 부과대상에서 제외된다. 또한 징수구역 내 거주자에 대해서는 90%의 할인을 적용한다.

혼잡통행료를 시행한 후 '런던교통청'이 발표한 '혼잡통행료 여섯 번째 모니터링 보고서'에 따르면 승용차와 미니캡의 통행량은 36% 감소하였고 버스 통행량은 31%, 자전거 통행량은 66%나 증가하였다. 이로 인해 2008년 차량의 탄소배출량은 혼잡통행료가 시행되기 전인 2003년 대비 16%, 미세먼지는 6%, 질소산화물은 8%나 감소했다. 런던시내의 교통체증을 덜기 위해 시행된 혼잡통행료 제도는 오염 배출량 감소로 인하여 시민 건강을 위한 효과 부수효과 또한 가져왔다.

그러나 혼잡통행료를 시행함으로써 파생되는 '불편'은 많은 시민들의 불만을 가져왔다. 런던시내를 통과하는 차량들은 우회를 해야만 하며, 경계지역은 항상 많은 차량들로 붐비게 되었다. 혼잡통행료의 목적이 '불필요한 차량운행의 억제'라고는 하지만 대부분의 사람들은 자신이 운전할 때 불필요한 차량운전이란 존재하지 않으며 다른 사람의 운행이 불필요하다고 생각하기 때문에, 혼잡통행료는 차량운행을 줄이는 것이라기보다는 통행료를 낼 수 있는 사람만 운행하라는 의미로 비춰질 수 있다.

혼잡통행료 제도의 시행 취지는 단순하다. 혼잡한 도로를 야기 시킨 자동차 운전자들에게 도로사용에 대한 대가를 지불하게 하는 것이다. 그러나 이를 시행함에 있어 제기되는 반대론은 흔히 평등주의적 표현으로 제기된다. 돈을 지불할 능력이 되는 고소득층과는 달리 중산층과 저소득층은 혼잡통행료에 대해 상대적으로 큰 민감도를 나타내기 때문이다. 그러나 교통혼잡 자체에는 항상 비용이 존재하기 때문에, 이에 대한 사회적인 합의를 이끌어 낸다면 바람직한 효과를 기대할 수 있을 것이다. 싱가포르의 경우 일요일(공휴일 포함) 등 교통량이 적은 날에만 차량을 운행하는 OPC(Off-Peak Car) 제도를 운영하고 있다.

서울시는 2000년대 초반부터 혼잡통행료제를 실시했다. 일부지역 (남산1, 3호터널)에서 시행하고 있으며 도심 및 부도심으로 확대하려는 계획은 시민의 반발에 부딪치고 있다. 주민들이 이 정책을 수용하게 하기 위해 저소득층 운전자와 자가용 출퇴근자에 대한 대비책이 보완된 후 확대될 필요가 있다. 이는 서울시가 대기오염, 혼잡비용의 증가, 도심정체의 악화를 심각하게 직면하고 있으며 OECD 국가 중 온실가스 감축의무를 달성해야 되는 국가적 목표도 있다.[13]

---

13) 모창환, 2009, 혼잡통행료의 성공적인 도입을 위한 정책수용성 증대방안, 한국교통연구원

Part 7

# 농업과 환경

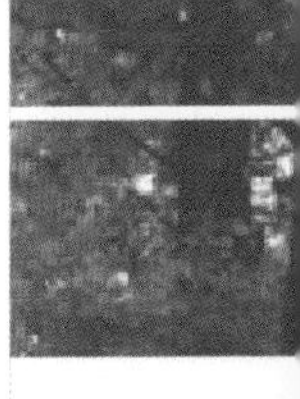

　농업은 인류가 양식을 채취하던 단계에서 야생식물들을 작물화 (domestification)하면서 시작되었다. 야생종들을 선택하여 재배하기 시작했다. 수확 후 씨를 선별하여(selective breeding) 계속적으로 더 나은 품종이 재배될 수 있었을 것이다.[1] 기원전 9000년 경 중동에서 콩과 밀을 작물화한 것으로 알려져 있다. 하계 건조한 중동지역이 작물화에 적당했을 것으로 추측된다. 그 이후 4000~5000년을 거치면서 점진적으로 작물화가 진행되었다. 지역적으로 아메리카에서는 호박, 옥수수, 카사바 등이 동아시아에서는 쌀과 콩 등이 작물화되었다. 인류는 사냥 채취사회에서 점차로 경작사회로 진행되었으며 기간적으로 4000년 이상이 걸렸을 것으로 추측된다.

　농업은 자연생태계를 개조한 인위적 시스템이다. 또한 인간의 필요에 부응하도록 동식물을 개량 순화한 시스템이다. 인구증가로 농업의 발달이 시작되었다고 주장하지만[2] 식량생산의 방법이 인구증가를 유도했다고 주장하기도 한다.[3] 안정적인 식량의 공급은 인구정착과 여자의 생산력을 증가시켜 인구증가를 가져오고 정착생활은 아이들 양육에 긍정적으로 작용했다. 금속사용으로 쟁기질 같은 농업의 고도화와 관개시설의 설치 등으로 안정적인 농업으로 발전했고, 사회적 계급형성과 지역 간 자원의 상이성에서 무역이 발생했을 것이다.

　신석기 혁명은 농업혁명이다. 채취와 수렵에서 농업과 정착으로 전이되는 인류학 자료에 의하면 동식물의 작물화와 가축화는 전 세

---


1) 자연선택(natural selection)과 변이(mutation)에 의한 작물화 설이 있다.

2) Cohen,M.N.,1977, The Food Crisis in Prehistory:overpopulation and the origins of agriculture.

3) Middleton,N., 1995, Global casino, an introduction to environmental issues, Edward Arnold.

계 7~8군데에서 독립적으로 일어났다. 중동에서는 기원전 만 년 전 (그보다 일찍) 발생한 것으로 알려졌다. 종에 따른 가축화와 작물화 (domestification) 시기는 여러 문헌에 보고되었다.[4]

## 녹색혁명

1950년 대 초까지는 인구가 증가하면 경지면적이 증가했다. 중위 도지역에서 삼림지와 초지가 경지로 전환되었다. 또한 농업생산성증 가로 단위면적당 생산량이 증가했다. 1980년대에 ha당 1톤의 밀이 생산되었는데 1930년대는 1/3 톤, 1300년대에는 0.1톤이 생산되었 던 것과 비교할 수 있다.

1943년 록펠러재단은 멕시코에서 시작된 농업혁명의 산물을 다른 국가에 전파하기 시작했다.[5] 국제 옥수수 밀 개량 센터(International Maize and Wheat Improvement Center)가 국제 연구기관으로 탄생되 었다.

1961년 인도에서 대량 아사가 날 지경이었는데 노르만 볼랙(Norman Borlaug)은 인도에 자문관으로 초청되었다. 인도 정부는 국제 옥수수 밀 개량 센터에서 밀 종자를 수입했다. 펀잡지역에서 새로운 품종을 경작하기 시작했다. 인도는 새로운 종자와 관개, 비료의 지원 등에 힘입어 녹색혁명을 이룰 수 있었다.

---

4) 양 중앙아시아 9000년 전, 개 북아메리카 8000~9000년 전, 보리 중동 9000년 전, 밀 중동 9000년 전, 염소 중동 8500년 전, 돼지 중동 8500년 전, 감자 중·남미 8500년 전, 쌀 중국 7000년 전, 면화 페루 6000년 전, 옥수수 남미 4000년 전

5) www.rockefellerfoundation.org Perkins,J.H.,1990, The Rockefeller foundation and the green revolution, 1941-1950, Agriculture and human Values, Vol7, 3-4, 6-18

인도는 IR8을 채택했다. 1968년 인도농학자 S.K. DE Datta는 IR8이 비료가 없으면 ha당 5톤의 경작을, 이상적 조건에서는 10톤의 경작이 가능함을 발견했다. 이는 전통적인 쌀보다 10배의 수확량(단위면적당)이며 아시아지역으로 확산되어 "기적의 쌀"이 된다. 인디아는 가장 성공한 쌀 생산국이 되고 주요 쌀 수출국이 되며, 2006년 현재 450만 톤을 수출한다. 이전에 인도에서 기아는 피할 수 없다고 인식되었으나 녹색혁명으로 기아는 더 이상 발생하지 않았다.

1960년 필리핀정부도 IR8을 재배하기로 하면서 전통적인 종보다는 상당히 높은 생산량을 보여 필리핀의 연 생산은 20년 만에 370만 톤에서 770만 톤으로 증가하고 필리핀도 20세기에 처음으로 수출국으로 변화했다. 그러나 농약의 사용으로 어류와 개구리의 수가 감소하기 시작했다. 1970년 포드재단은 세계적인 농업연구를 위한 네트워크를 제안하고 세계은행은 1971년 국제농업연구에 대한 자문그룹 CGIAR(consultative group on International Agricultural Research)을 설립했다.

아프리카에 녹색혁명의 종들을 소개하려는 시도가 있었으나 성공하지 못했다. 이는 광범위한 부패, 기반시설의 부족과 정부의 의지 부족 때문이다. 아프리카에서는 관개, 토양, 사면과 같은 환경적 요인들도 녹색혁명을 적용하기 어려운 원인이었다. 그러나 서부아프리카에 고생산성 쌀이 소개되었다. 새로운 아프리카를 위한 쌀(New Rice for Africa)로 적은 양의 비료와 기본적인 관개시설로 두 배의 수확량을 올리는 품종이다. 기니아에서 성공했는데 현재 16% 정도의 면적에서 재배 중이다.

## ■ 개발도상국의 곡물생산

1961년과 1985년 사이에 개발도상국의 곡물생산이 두 배로 증가하고 있다(쌀, 옥수수 밀). 이 증가는 관개, 비료와 품종개량 등으로 가능했다. 특히 아시아의 쌀 생산이 대표적이다. 녹색혁명은 비료, 살충제, 제초제 등에 과도하게 의존하므로 농업이 석유제품 의존율이 높다는 비판도 있다.

녹색혁명은 세계화의 산물이다. 지원금이 록펠러재단, 포드재단, USAID 등의 다국적 지원과 정보교환, 농업정보의 교류, 재단의 재정지원에 의한 산물이다. 녹색혁명은 종자시장과 화공기업을 양산했는데 그들은 미국에 중심을 둔다. 예를 들면 뉴저지의 스탠다드 오일사는 제초제, 비료, 종자를 판매한다.

## ■ 녹색혁명과 환경

녹색혁명에 의한 작물생산은 살충제의 과다사용과 광범위한 지역에 단일 품종을 경작하다. 높은 생산성은 종자, 농경, 관리의 단계에서 체계적이고 획일적이며 생산과정에서 농업용수를 많이 사용한다. 미국 농업은 85%의 담수를 소비한다. 예를 들면 남서부와 같은 6%의 강수량을 받는 지역에서 36%의 담수를 소비하는 물 과다사용 문제가 나타난다. 농업생산을 위한 물은 60%는 지표수에서, 40%는 지하수에서 공급된다. 연간 재충전될 수 있는 양보다 훨씬 더 사용한다.

관개용 수자원은 30년 안에 고갈될 것으로 짐작되며, 하천도 빠른 속도로 건천화되고 있다. 1997년 중국 황하의 하류부가 226일 동안 건천화되었다. 황하는 지난 10년간 일 년에 70일 이상 건천화 되어

왔다. 나일강, 갠지스강 등 수량이 많은 강들이 같은 운명이며 아랄 해도 면화생산을 위한 하천 분리 등으로 아랄해의 면적이 축소되는 상태이다. 또한 수질도 변화되어 아랄 해의 염화가 어류를 폐사시켜서 경제의 농업의존도가 높아졌다. 과도하게 질소비료가 수로를 따라 이동하면서 조류와 다른 미세 유기물을 증가시키고 산소가 부족하여 어류폐사가 나타난다.

녹색혁명은 농업 종 다양성과 야생 종 다양성에 영향을 준다. 녹색혁명이 농업종 다양성을 감소시켰다는데 이견이 없다. 소수의 높은 생산성 종에 의존하므로 전염병에 대한 취약성, 수천 년 동안 내려온 가치 있는 유전자특성을 상실하는데 대한 어려움이 제기되고 있어 종자은행이 설립되었다. 야생종 다양성과 녹색혁명의 효과에 대해서는 다양한 의견이 있다.

단위면적당 생산의 증가는 새로운 경작되지 않은 지역으로의 농업확대가 필요하지 않다는 것이다. 농업지역 확장이 가져오는 부정적 측면을 무시할 수 없다. 또한 189개국이 사인한 리오협정에서도 많은 국가들은 녹색혁명에 의해 중요한 종 다양성이 손실되는데 대해서도 연구하도록 요구했다.


### ■ 생산량과 화학비료

농업생산성의 증가는 화학비료(질소, 인산 칼리)의 사용과 관련이 있다. 주요 밀 생산국가(2002의 단위면적당 생산량)는 다음과 같다.[6] 19세기 중엽부터 화학비료가 등장했으며 화학비료의 사용량은 최근

---

6) France 6.8 Mexico 5.0 China 3.8 India 2.7 United States 2.7 Canada 2.0 Argentina 2.2 Australia 1.7 Russia 1.8 Kazakhstan 1.1 (단위 ton/ha)

50년 동안 증가하고 있다. 비료가 주는 환경적 영향은 다양하다. 식물에 의해서 흡수되지 않는 양이 하천, 호수, 지하수에 유입되어 부영양화를 일으키고 공기 중에서 흡수된 비료성분은 질산으로 변해 온실가스가 되어 오존층을 파괴한다. 공기 중에 포함되어 산성비로 내리기도 한다.

표 1. 국가별 화학비료 사용량

| 국가 | 1964-66 | 1989-91 | 변화 % |
|---|---|---|---|
| 칠레 | 26 | 69 | 265 |
| 중국 | 24 | 284 | 1183 |
| 이집트 | 117 | 361 | 309 |
| 인디아 | 5 | 73 | 1460 |
| 네델란드 | 582 | 614 | 105 |
| 멕시코 | 15 | 69 | 460 |
| 필리핀 | 11 | 65 | 591 |
| 영국 | 288 | 350 | 122 |
| 미국 | 63 | 99 | 157 |
| 베네수엘라 | 10 | 116 | 1160 |

## ■ 종의 개량

병충해에 강하고 생산성이 높은 품종개량은 농업 생산성에 큰 기

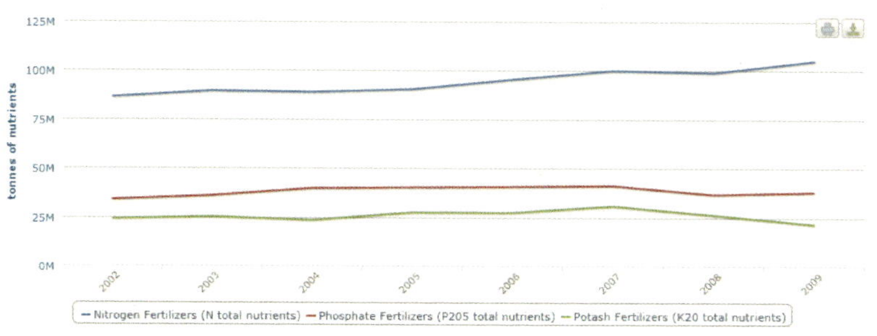

여를 하고 있다. 농업생산의 효율성 증가를 위하여 생산성이 높으면서 병충해에 강한 품종 개량을 계속해오고 있다.

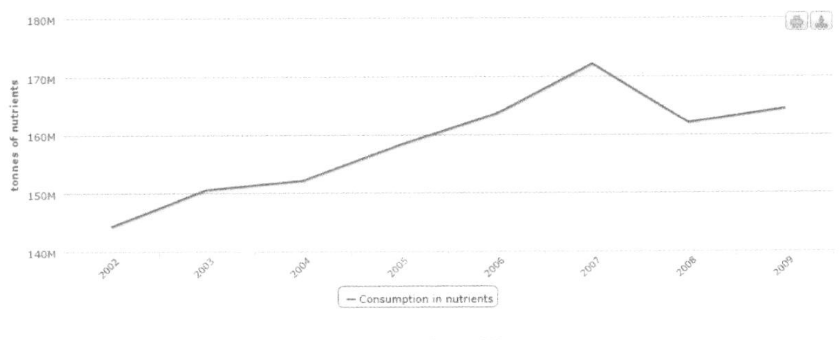


그림 1. 비료 사용

## 가축사육의 대량화

가축사육이 대형화되고 있다. 가축사육이 더 이상 농경의 보조적인 또는 자급자족 정도의 사육이 아닌 시설을 대형화한 사육이 일반화되고 있다. 이로 인한 배설물 발생량의 증가, 이어지는 주변 지역 오염가능(지하수와 지표수), 악취에 의한 주민불만, 배설물에서 나오는 질소가 공기 중에 흡수되어 질산이 축적되는 등의 문제점이 발생하고 있다.

## 지하수 오염

덴마크에서 보고된 바에 의하면 1940년대 지하수질 자료가 1mg/l, NO3-N였으나 1980년대에는 3mg/l로 나타났다. 비점 오염원이 수질화녕을 악화시켰다.[7] 1988년부터 덴마크는 전국적인 수질환경조사사업을 270개의 하천에서 실시해 지표수와 지하수의 비오염원을 조사했다.

미국에서는 25%의 우물에서 질소함량이 10mg/l을 초과하는 것으로 보고되었다.[8]

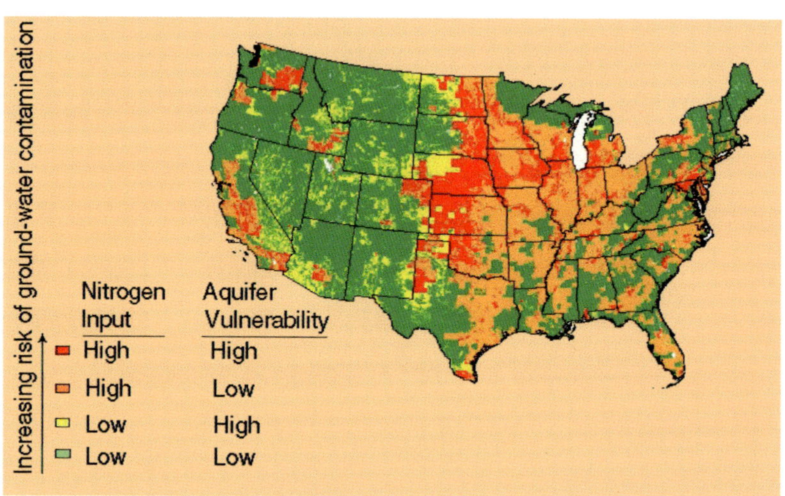


그림 2. 지하수의 오염

---


7) Kronvang, B.,R.Grant, S.E.Larsen, L.M.Svendsen and P.Kristensen, Non-Point-Source nutrient losses to the aquatic environment in Denmark:impact of agriculture, *Marine and Freshwater Research*,46(1) 167-177

8) B.T. Nolan, B.C. Ruddy, K.J. Hitt, and D.R. Helsel, 1988, Nutrients National synthesis project, *Water conditioning and purification*, Vol.39, no.12, 76-79

# 관개증가

관개면적은 계속적으로 증가되었다. 1950년대에는 1억 ha였으나 1970년대 1억 8천만 ha, 1990년대 2억 5천만 ha, 2003년 2억 2천 7백만 ha로 발표되었다.

## ■ 관개의 역사

건조지역에서 경작지 확대를 위해 관개농업이 시작된 것은 BC 6세기 티그리스, 유프라테스(Tigris, Euphrates)지역이다. 역사를 통해 관개 경작 후 반 건조지역에서 토양이 염류화되고 황폐화되어 경작할 수 없게 되면서 국가의 흥망과 문화의 쇠퇴가 일어났다. 과학자들은 마시칸 사피르 시의 몰락(바그다드의 140Km 남동부)이 관개기술과 관련 있는 것으로 추측한다. 관개수가 지표에 있다가 반건조지역으로 급격히 증발하면서 광물성 염분이 남게 되고 그로 인해 경지가 파괴되면서 오히려 작물에 독으로 작용한 것으로 보고되었다.

고대 이집트인들은 하안을 따라 평평한 유역에서 작물을 재배하기 위해 홍수기에 물을 끌어 들였다. 물이 40~60일 머물도록 유지하고 작물이 필요할 시에 물을 보내주어 언제나 물이 풍부하고, 토양에 염분이 없고, 운하를 통해 흘러가도록 관리했다. 이집트인들은 연평균 홍수위를 미리 알아서 관개체계를 디자인했다. 골짜기를 따라서 홍수위를 적용하고 알림으로써 수확량을 증가시켰다. 이집트는 97% 인구가 2.5% 면적에 거주한다. 중앙정부는 하천수를 가장 잘 이용해 왔다. 이집트의 관개시설은 하나의 수원으로부터 좁고 경사가 급한 하곡을 따라 설치했다. 관개로 이동하는 물의 길이가 카이로까지 이르는 데 25Km 미만이다.

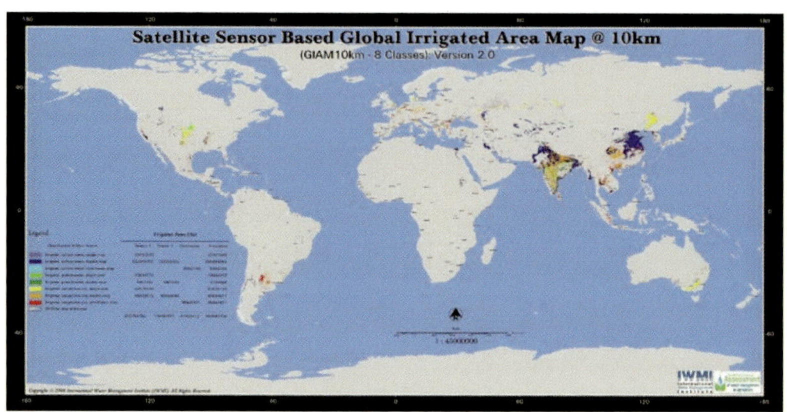


그림 3. 관개지역

## ■ 식량생산을 위한 물의 양

FAO에 의하면 하루 일인당 마시는 물의 양은 2~4리터이며 일일 식량생산을 위해 필요한 물의 양은 2,000~5,000리터이다. 쌀 1 Kg 생산에 1,000~3,000리터의 물이 필요하다. 소고기 1Kg 생산에 13,000~15,000리터가 필요하다. 전 세계 경작지의 20%인 2억 7천 7백만 헥타의 경지가 관개용지이며 80%는 강우의존 경지이다.[9]

기후변화정부간 패널(IPCC)은 2020년에는 관개용지가 증가하여 강우의존 경작지가 50%가 될 수 있다고 예측한다. 세계 식량생산의 40%가 관개경작지에서 생산될 예정이며 관개 경작지 10%에서 토양염화가 일어날 것으로 예측된다.[10] 그러나 관개면적 증가율은 감소되고 있다. 1955~1975년 사이에는 매년 3%씩 증가했으나 1970~1982년 사이에는 2%씩 증가했다.

---

9) FAO

10) IPCC

경작지 관개로 발생하는 환경적 문제는 지하수면 상승, 하천 하류의 유량감소, 하류의 습지생태계 소멸, 배 항해구간 감소, 어류 획득 기회감소 등이다. 잘못 관리된 관개수로의 문제로는 지반침하, 염수 침투, 토양염화(salinization), 토양과 수질의 변화 등이다.

대표적인 지하수 남용 사례는 미국의 오갈라 찬정분지(Ogallala Aquifer)이다. 사우디아라비아에서도 민주르 찬정분지(Minjur Aquifer)가 사례로 보고되었다. 매년 지하수면이 1.8미터씩 하강한다. 고여 있는 물로 수인성 질병(말라리아)의 확산이 증가하고 있다.

## 제초제, 방충제

전 세계 67,000종의 해충이 총 농업 생산량의 35%를 감소시키고 있다. 계속적으로 방충제, 농약, 제초제를 사용하고 있다. 시초는 1939년 스위스에서 제조된 DDT다. 미국은 2차 대전 시기 2.4D를 제조 사용했다. 방충제(농약)의 장기 효과에 대해서는 암 발생 위험성, 백혈병, 신장과 유방암, 간암, 피부암 가능성이 보고되었다. 농장 노동자들의 암 발생 증가와 임신 중 방충제에 노출된 여성들이 백혈병이나 뇌암에 걸린 어린이 출생 가능성에 대해 보고되었다. 제초제에 의한 신경계 악화, 적은 양의 제초제에 노출된 경우에서도 파킨슨병이 발생할 가능성 증가도 보고되었다.[11]

미국 환경보전국(EPA)은 1996년 이후 제초제가 인체에 주는 영향에 대해 10년간 조사하였으나 신경계에 독성효과를 나타낸다는 결

---

11) EPA

론에 이르지 못하여 다른 연구자들로부터 비난에 직면하고 있다. 제초제와 신생아 장애 가능성, 태아 사망, 태아 발달과의 가능성에 대해 관련성 연구로 농약화학물질이 증가하면서 태아의 장애가 증가했다고 보고되었다. 베트남에서 2.4D와 에이전트 오렌지가 신생아 장애와 관련 있음이 보고되었다. 2.4D의 사용과 남성의 불임도 관련 있다고 보고되었다.

방충제 소비액은 1970년대 70억 달러에서 1990년대에 250억 달러로 증가하고 있다.(그림 4)[12]

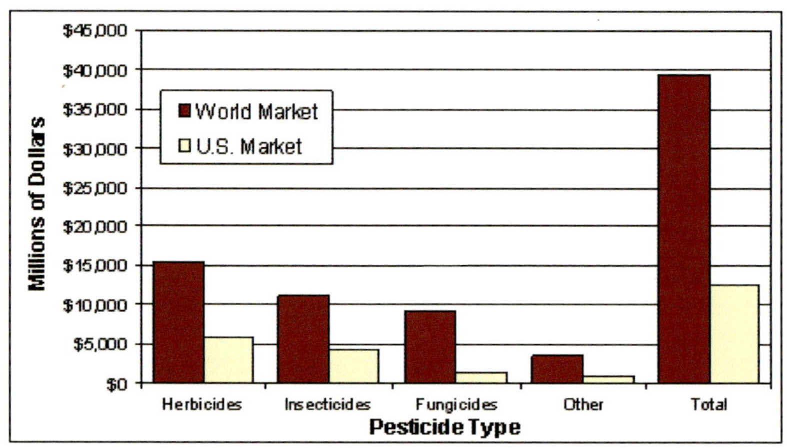



그림 4. 미국과 세계시장의 방충제 소비액

방충제사용으로 인한 화학물질에 대한 저항력 증가는 새로운 과제이다. 다음세대의 해충은 방충제에 보다 강한 종이 됨으로 방충제 사용양의 증가와 사용횟수의 증가를 초래한다. 방충제사용으로 해충

---

12) EPA website

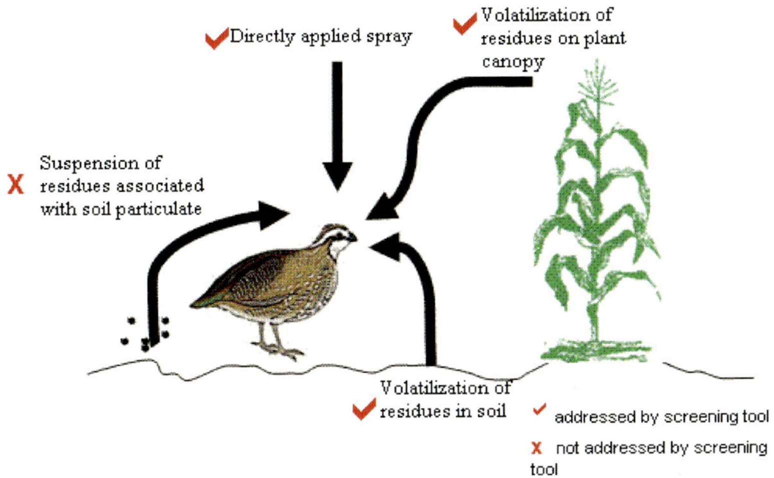


그림 5. 새의 피해[13]

뿐 아니라 토양, 인간과 다른 생물의 피해를 발견할 수 있다(그림 5).

루마니아에서는 900,000ha의 농지가 화학물질로 오염되고, 200,000ha 농경지가, 생산이 불가능한 면적이 되었다.[14] 1,500명의 코스타리카 농장인부들이 바나나 농장에서 적절한 보호복을 입지 않고 방충제를 살포한 후 불임화되었다. 미국에서 캘리포니아의 2,000개 우물에서 지하수 오염이 발생하여 각종 암이 증가되었다고 보고되었다. 전 세계에서 농약 성분이 남은 곡물을 섭취함으로써 농약중독자가 연 2,500만 명이 발생한다. 스웨덴, 네델란드에서 DDT, 2.4D, 2.4.5T 등의 사용을 금지시켰다.

---

13) US Environment Protection Agency, 2010, Pesticides :science and policy

14) ftp.fao.org FAO COUNTRY REPORT ON THE PRESENT ENVIRONMENTAL SITUATION IN AGRICULTURE- ROMANIA -Luiza Toma Institute for Agricultural Economics, Romanian Academy, Bucharest

방충제 사용에 대한 대안으로 사용량을 상당히 감소시키거나 전통적 농법에 의존하는 방법 등이 시도되고 있다. 해충을 제어하지 않으면 농산물 생산량이 격감하고 생산물의 질 저하를 초래하므로 해충을 제어하는 방법을 모색할 필요가 있다. 예를 들면 단일작물이 아닌 여러 작물을 재배하는 방식이 시도되고, 유인작물(trap crops, 해충을 유인하여 비싼 농작물을 보호)을 동시에 경작하기도 한다. 화학적 방충제 사용량을 감소하여 경작하는 방법도 시도된다. 유전공학적 농법으로 해충의 번식을 방해하거나 번식에 간섭하는 방법도 있다. 화학적 방충제를 사용하지 않거나 감소시키는 것이 농산물 생산과 질에 결정적일 것으로 생각할 수 있다. 그러나 사실은 아니다. 텍사스에서 텍사스 해충관리협회는 농민들이 1972년 이후 통합해충관리로 활용하여 생물적, 문화적, 화학적 방법을 포함한 해충제어방법을 사용하였으며 1994년 637농가를 조사한 결과 그들이 방충제 사용은 58% 감소시켰으나, 생산량은 46% 증가하였음을 보고하고 있다.[15)]

유기농법(Organic farming)에서 생물적 해충제어에 페로몬(Phero-mones) 같은 물질을 사용한다. 이는 동물, 특히 곤충의 몸 밖으로 분비되어 같은 종류의 개체에게 어떤 신호를 보내는 물질로 주로 냄새를 통해 전달되며 동물들의 특유한 반응을 일으키는 원인이 된다. 장의 병을 일으키는 균류(Entomopathogenic fungi), 박테리아, 바이러스, 기생충이나 해충 포식자를 살포하기도 한다.

---

15) EPA website

## 생명공학(Biotechnology)

인류의 긴 농업 역사를 통해 재배작물이나 목축을 하면서 유전적 조작을 해왔다. 전 세계적으로 2008년 현재 3억 1천만 에이커의 면적에서 유전자조작 작물이 재배되고 있다. 미국에서는 콩, 면화, 옥수수작물의 경우 재배면적의 50% 정도에서 유전자조작 작물이 재배되고 있다. 생명공학 기술은 선진국에서 독점하고 있다. 유전자조작 작물 재배의 확대에 대한 우려와 관련된 토론이 활발히 진행되고 있다. 각국은 유전자 조작 작물에 의한 인간과 동물, 식품안전성에 대한 위협으로부터 보호하기 위한 규제를 증가시키고 있다. 1992년 이후 환경을 위협하는 정도의 평가에 대한 연구를 수행하며 동물, 식물, 미생물의 안전에 관한 기초 정보를 제공함을 목적으로 한다.16)

선진국 소비자단체들은 유전자 조작 작물에 대해 여러 가지 문제를 제기하고 있다. 젖소생산증가로 인한 우윳값 하락이나, 유전적으로 조작된 식물과 동물이 자연생태계에 어떠한 반응을 보일 것인가에 대한 우려 등이다. 특정 재해(가뭄, 기온 증가, 홍수)가 발생했을 때 단일 작물재배로 인한 대규모 피해를 막기 위해서도 유전적 다양성(genetic diversity) 유지가 필요함이 널리 인식되고 있다.

---

16) USDA website

# 수경(Aquaculture)

해산물은 가장 건강하고 인기 있는 단백질 공급원이며 전 세계적으로 소비량이 증가하고 있다. 식용 해산물의 절반은 공해에서 잡히는 산물이고 나머지 반은 수경으로 길러진다.

BC 3,000년 중국 동부와 남부 아시아에서 수경이 시작되었으며 최근에 중요성은 더욱 부각되기 시작했다. 수경에 의한 양식양이 1970년에 0.7kg/capita에서 2006년 7.8kg/capita로 증가하고, 양식양이 어획량을 추월하고 있다(연평균 7% 증가). 지역적으로 아시아 태평양지역이 생산량 측면에서 89%, 생산액에서 77% 차지한다(중국). 연어양식은 노르웨이(33%)와 칠레(31%)가 대부분을 차지한다.

수경은 전 세계에서 (사하라 남부 아프리카를 제외하고) 확장, 증가하고 있다.

어획량이 수요를 충족시키기 어려우므로 FAO 예측에 의하면 수경생산이 2050년 8천만 톤에 이를 것으로 예측된다.[17] 생산자들이 자율적 규제로 안전하고 질 좋은 생산품을 공급하려는 노력이 필요하며 생산자들이 자원을 책임감을 가지고 사용해야 한다는 인식이 대두되고 있다.[18]

최근 수십 년간 양식 산업이 연 8~10% 성장했으며 생산량이 증가할수록 수경의 부정적 영향을 최소화하는 것이 중요하다. 수경에 사용되는 화학물질이 수질을 오염시키고 질병을 퍼뜨릴 수도 있으므로 수질과 해양생태계에 최소한의 영향을 주면서 수경이 자연과

---

17) FAO

18) FAO

인간에게 도움이 되도록 노력해야 한다.[19] 지속가능한 해산물 생산
은 수경에만 제한되지 않으며 어업획득을 개선하려는 노력도 필요
하다.

　수경이 환경에 주는 영향으로는 물고기 양식과 배설물에 의한 수
질오염과 해안지역의 맹글로브 생태계 파괴 등이 있다. 폐기물 문제
를 해결하기 위해 캘커타지역 2,500ha 두 개의 호수에서는 폐기물을
20일간 가라앉힌 후 하류에 진입시킴으로써 깨끗한 물을 유지시키
는 방법을 시도하고 있다.

---

19) WWF

Part 8

# 수자원과 환경

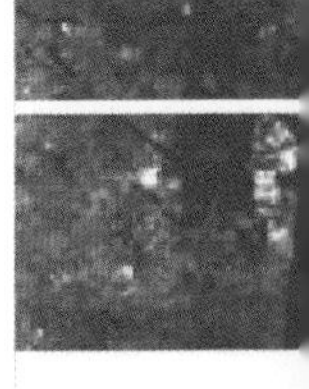
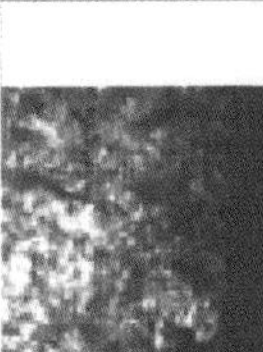

## 물의 위기

20세기에 인구가 3배 증가하고 재생 가능한 물자원이 6배로 증가했다. 산업화와 도시화에 의한 인구증가는 물 수요의 증가로 환경에 심각한 영향을 주었다. 11억의 인구가 깨끗한 음료수 없이 생활하고 있다. 26억의 인구가 비위생적인 환경에서 생활한다.[1] 18억의 인구가 설사관련 질병에 취약하여 매일 3,900명의 어린이가 매일 물과 관련된 질병으로 사망한다.[2]

인구 일 인당 물 사용량은 지역별로 편차가 크다. 북미와 일본지역은 380리터/일, 유럽지역은 200리터/일, 사하라 남부 아프리카 지역은 10~20리터/일이다.

## 인구 일인당 물 사용량

물을 공급하는 관의 효율성 증가와 누수의 양 감소로 가정에서 사용하는 물의 양은 평균적으로 45갤런/일이다. 샤워에 8갤런, 세탁에 10갤런, 화장실에 8갤런, 식기세척기 0.7갤런, 목욕 1.2갤런, 누수로 4갤런 등이다.[3]

### ■ 공급

수자원의 의미는 인간이 가정, 농업, 산업에서 사용할 수 있는 모

---

1) UNICEF/WHO, 2004.

2) WHO 2004

3) Amy Vickers, 2001, Handbook of Water Use and Conservation, Water Plow press

든 물이다. 공급측면에서 소득이 적은 국가 주민들은 사람들의 음료
수가 처리되지 않은 상태로 마시고 있다.[4]

### ■ 물 소비

유엔, 유네스코, 세계농업기구의 통계에 의하면 농업분야가 70%
의 물을 소비하고 산업분야에서 20%, 10%는 가정용 물소비량이다,
그러나 산업화국가들은 산업에서 더 많은 양의 물을 소비한다(벨기
에를 예를 들면 산업에서 80% 물 소비함). 담수획득량은 50년간 3
배 이상으로 증가했다. 담수의 수요는 6백 4십 억 입방미터/년(1입방
미터=1,000리터임)이다. 매년 8,000만의 인구가 증가하고 생활패턴
과 식습관이 달라지면서 개인당 좀 더 많은 물을 소비하고 있다. 최
근 생물연료의 생산이 증가하면서 생물연료 1리터 생산에 1,000~
4,000리터의 물이 필요하다. 에너지수요 증가로 물 수요가 증가할
것이다.

개발도상국 질병 발생의 80%는 물과 관련된다. 예를 들면 5,000
명의 어린이가 매일 설사로 사망하고 있고, 유아의 300만 명/년이
물 관련 질명으로 사망한다.

---

4) M.Zeitourn and J.Warner, 2012, Water, World Water Council March 2007, 'transboundary water
conflicts in the middle east and N. Africa'

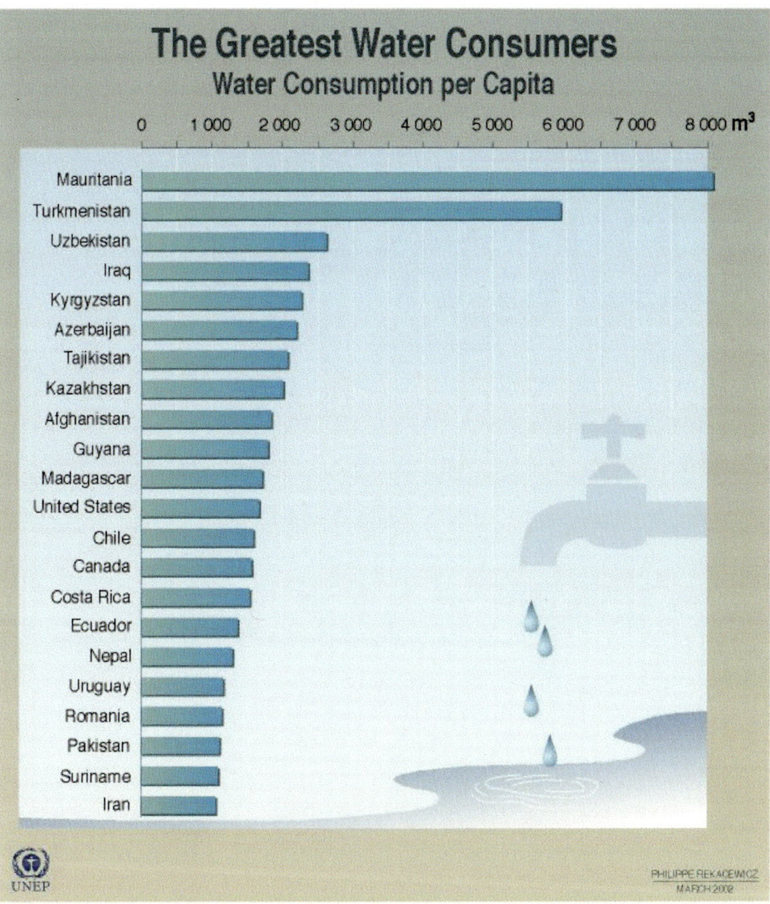


Source: *World Resources 2000-2001, People and Ecosystems: The Fraying Web of Life*, World Resources Institute (WRI), Washington DC, 2000; Paul Harrison, Fred Pearce, *AAAS Atlas of Population 2001*, American Association for the Advancement of Science, University of California Press, Berkeley.

그림 1. 일 인당 물 소비

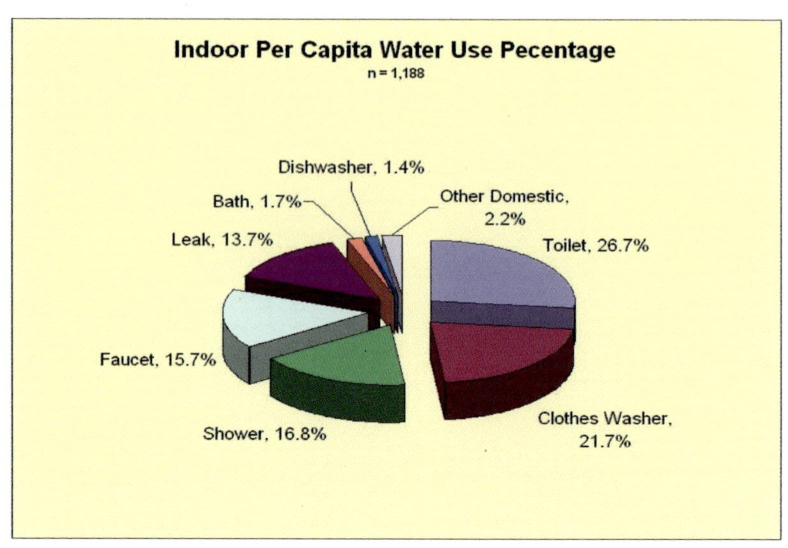



그림 2. 가구당 물 사용

## 위생적인 식용수

지구상에서 어느 시대보다 많은 하수가 배출되고 확산되었다. 인구의 1/6 약 11억은 안전한 음료수의 위협에 직면하고 있다. 26억(2/6)은 위생수 부족에 시달린다. 3,900명의 아이들이 매일 물 관련 질병으로 사망한다(2004년 자료).

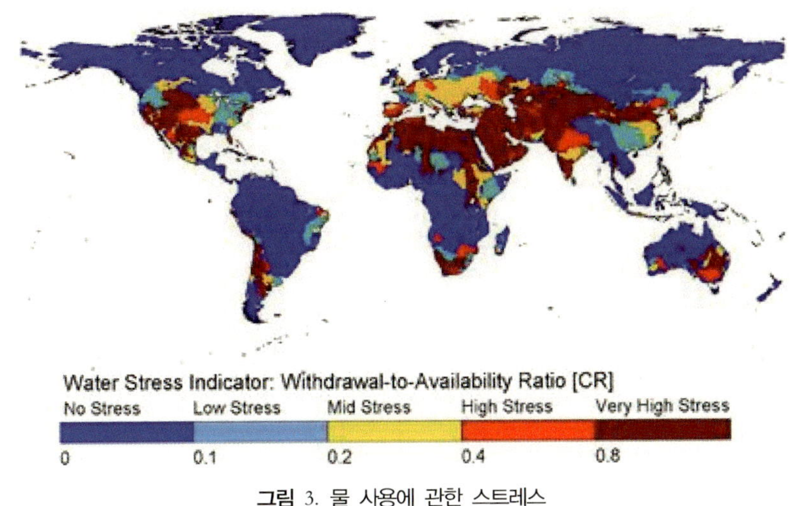


그림 3. 물 사용에 관한 스트레스

지난 30년간 식량안보는 상당히 개선되었으나 관개가 증가함으로 물의 위기는 심화되었다. 물의 위기는 수자원과 물 사용사이의 불균형에서 초래된다.

전체 재생 가능한 자원에 대한 취수의 비율로 물 스트레스를 표현한다. 물 스트레스는 담수의 악화를 초래(수량의 관점에서 지하수 과잉개발, 건천 등)하고 수질의 관점에서 부영양화, 유기물 오염, 염수침투 등을 초래한다.

물 스트레스는 전문가의 판단과 경험에 기초해서 작성되는 한계비율 이다. 유역에 따라 20%에서 60%이며 40% 이상이 높은 지역이다. 수자원이 감소하면 여러 물 사용자 간의 긴장이 고조된다. 260개의 유역에서 (국제하천 포함) 협약이나 기구가 없으면 수자원때문에 긴장이 발생한다. 수자원 관련 지역프로젝트는 지역의 협력이 없으면 인접 관련 지역의 불안정을 가져오고 갈등을 심화시킨다. 아랄해, The Parana La Plata, 요르단강과 다뉴브강이 좋은 사례이다. 아랄 해에서 수자원의 과도한 사용으로 36,000평방킬로의 해역이 소금으로 덮이고 수자원의 2/3가 사라졌다.

인간의 필요를 만족하기에 물이 많이 부족하다는 것이 문제가 아니라 물을 잘 관리하지 못해 환경에 부담을 주고 주민들은 큰 어려움을 당하고 있다는 것이다.[5]

물의 위기를 막기 위해서는 담수원이 제한되어 있고, 수자원은 양과 질적 측면에서 보호해야 한다는 인식이 계속 확산되어야 한다. 수자원을 사용하면서 정책결정자뿐아니라 모든 주민들은 항상 중요성과 물 부족가능성을 인식해야 한다.

담수로(농업, 산업, 가사용) 사용되는 물은 물 절약과 물 관리 개선이 가능하다. 여러 곳에서 물이 낭비되고 있다. 많은 사람들이 물은 항상 쓸 수 있다고 착각한다. 도시화와 생활패턴의 변화로 일 인당 물 사용량은 계속 증가하고 있다.

예를 들어 감자 1kg을 재배하는데 100리터가 소요되고, 쇠고기 1kg 사육에는 13,000리터가 소요된다.[6] 즉, 식품의 소비패턴도 물 사용량을 변화시킬 수 있다. 정책결정자들은 정책수립에 우선적으로 물 확보가 고려되어야 하며 물 이슈를 제고할 것을 주장한다. 구체적으로 물 책임기관의 탈중앙화, 지역에서의 물 자원 개발 수자원 재정의 증가와 개선, 수자원의 가치측정과 수자원 모니터링이 필요하다.

---

5) World Water Council webpage World Water Vision Report.
6) Hoekstra,A.Y.,ed,2003, Virtual Water Trade; Proceedings of the Int'l Expert Meeting on Virtual Water Trade, Value of Water-Research Report Series No.12

## 국제하천

하천이 상류에서 하류로 흘러가면서 여러 국가의 행정구역을 통과하기도 한다. 하나의 유역에 둘 이상의 국가가 관련될 때 물 문제에 대한 갈등이 발생할 수 있다.

역사적으로 어떤 갈등이 일어났는가? 물 자원의 갈등은 사회 정치적 갈등과 연관된다. 갈등을 감소시키기 위한 정책 대안들은 어떠한 사례가 있는가?

국경을 두고 물 갈등이 있는 지역에서 한 지역이 경제개발을 추진하거나 지역의 문화를 보존하려 할 때 인접국가들과 협력을 강화해야 한다. 경제개발을 계획하는 국가는 인접국가나 하류에 위치한 국가에 예측할 수 있는 영향을 사전에 통고하거나 협력을 구하여 사후 갈등에서 전쟁으로 치닫지 않도록 해야 한다. 유역 내의 물 관리가 협력과 평화를 지향하는 방향으로 나가도록 노력해야 한다. 관련 국가 간의 대화가 어려운 경우인 세네갈강(2001년)에서는 외부 기관이 개입하게 되었다. 유네스코와 녹색 적십자 인터내셔널이 물과 관련된 갈등해결을 위해 도와주고 있다.[7]

## 물 관련 분쟁 해결방법

분쟁을 해결하기 위해 공개 혹은 비공개 협상(open and hidden negotiation)을 진행한다. 또는 네트워크를 구축하거나 국제기구에 의

---

7) 2013 U.N. Int'l year of water cooperation

지한다.[8] 이집트, 수단과 이디오피아 등의 국가들은 나일강수자원을 확보하기 위해 전쟁할 의지를 피력한 적도 있다.

국경에 인접한 국가가 하천을 공유하는 경우 보다 강한 국가는 터키 GAP 프로젝트에서와 같이 대규모 수력을 개발하여 수자원을 선취한다(이집트 아스완하이댐도 사례임). 1994년 이스라엘과 요르단의 조약이나 이집트 수단(1959년) 조약과 같이 불평등 조약을 체결하기도 한다. 남아프리카의 오렌지 강에서와 같이 수자원을 제어하여 나누어 사용한 경우도 있다.

한 지역의 수자원 고갈은 국가안보를 위협하는 주요 요인이다. 농업용, 가정용, 산업용 수자원은 각 국의 사회경제적·정치적인 측면과 기후에 지대한 영향을 가져 오기 때문이다. 다가오는 세대의 정치가들은 물의 중요성이 더욱 증가함에 따라 국민의 생활과 산업에 필요한 담수공급 확보를 위해 노력할 것이다. 생활수준 향상으로 물 수요는 계속적으로 증가하여 미래의 물 자원 확보를 위한 경쟁과 갈등은 심화될 수 있다.

---

8) www.unesco.org/water/wwap/pccp

Part 9

# 산성비

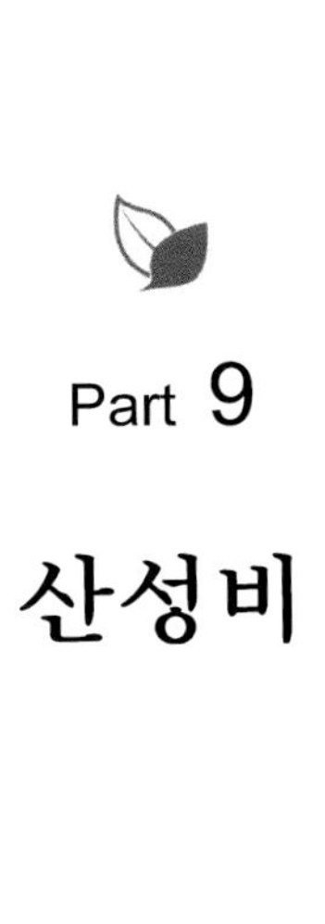

산성비는 자연적인 산성비와 인위적인 산성비로 분류된다. 화산 분출이나 식생이 분해되는 과정에서 질산 황산의 양이 정상 대기보다 높은 데서 자연적 산성비가 내린다. 인위적 산성비는 화석연료를 태우면서 황산염, 질산염의 배출에 의해 대기 중에서 물, 산소와 반응하여 산성비로 내린다.

산성비의 발생 가능성은 1852년 A. Smith에 의해 제기되었다. 석탄연소 공장에서 황산화물이 발생하므로 대기를 거쳐 산성이 높은 강우가 내릴 수 있다고 경고했다. 실제로 1958년 Gorham 공장지대를 통과한 대기가 산성비를 주변 호소 생태계에 내려 사례화 되기 시작했다. 농업생산에 의해서도 비료에서의 암모니아 물질에 의한 산성비 사례가 보고되었다.[1]

산성비가 내린 후 호수 하천의 산성화, 식생의 피해, 토양의 피해뿐 아니라 빌딩이 마모되어 문화적 유산에 피해를 준다. 지표에 내리기 전에 황산화물, 질소 산화물은 가시력을 저하시키고 인체건강에 해를 준다.

생태계의 피해는 하천, 호수 습지 등 수생태계에 나타난다. 호수나 하천이 산성화되어 물과 그 주변 토양이 산성화되면 토양에서 알루미늄이 호수나 하천으로 유입되어 수중 생물에 독성을 높이게 된다. 많은 호수와 하천에서 만성적 어려움이 있다.

---

1) Nick Middleton, 1995, Global casino, an introduction to environmental issues, Edward Arnold

## 수생태계에 주는 영향

산성비는 어류폐사, 어류의 수 감소, 종 다양성 감소 등을 야기한다. 식생과 동물의 종류에 따라 산성에 견디는 정도가 다르다. 동일 식물 동물종이라도 어린 종들은 강산성에 예민하다. 5의 산도에서 대부분의 계란은 부화하지 못한다. 개구리는 숭어보다 강한 산도에 견딜 수 있다. 생태계에서 식물과 동물종들은 상호의존하고 있다. 개구리가 높은 산도에 견딘다하더라도 하루살이와 같은 곤충은 견디지 못하며, 이를 먹는 개구리도 영향을 받을 수 있다. 다른 수생태계의 생물들은 변화하는 산도에 따라 종 다양성이 영향을 받는다. 하천과 호수가 산성화되면 물 생태계에 동식물이 감소하게 된다.

## 산성비와 질소

지표수에서 질소의 영향이 중대하다. 질소는 산성화에 중요한 역할을 해서 최근 연구에 의하면 질소는 만성적 산성화에 중요하다는 것이 알려졌다. 습지와 하구에 질소가 퇴적된 후 그 영향도 중요하게 인식된다. 인간활동에 의한 10~45% 질소가 해양생태계로 운반 퇴적된다고 알려졌다. 예를 들면 체사피크만에서 질소의 30%는 대기에서 퇴적되고 부영양화에 기여한다. NOAA에 의하면 이러한 조건은 다른 해안생태계에서도 유사하므로 인간이 오염된 어류와 조개류를 섭취할 가능성이 있다.

## 산성비와 삼림

　과학자들이 잎이 갈색으로 변하고 떨어지며 어떤 나무는 고사하는 등 삼림의 성장이 느린 것에 주목했다. 산성비가 느린 성장에 원인임을 알았다. 산성비는 삼림과 토양악화에 관련이 있다. 미국동부 애팔래치아 산맥의 메인에서 조지아까지 세난도와 그레이트 스모키 국립공원에서 산성비와 다른 오염, 곤충, 질병, 가뭄의 요인들의 효과가 겹쳐서 나타났다. 수년간 삼림의 화학적 생물학적 정보를 수집했다. 연구자들은 산성비가 삼림토양과 나무에 어떻게 작용하는지 이해하게 되었다.

　봄비는 내려 나무를 타고 내려가서 임지표면에 도달한 후 지표수로 흐르거나 하천 호소에 유입된다. 토양에 스며들기도 하고 토양은 산성비를 중화시키기도 하는데 토양에 의한 중화능력 이상으로 좀 더 산성화되면 피해정도가 나타난다. 삼림토양이 중화하는 능력은 토양의 깊이와 구성성분, 기반암의 종류에 달려있다. 네브라스카와 인디아나에서는 토양정화능력이 높다. 북동부 뉴욕의 Adirondack and Catskill Mountains의 토양은 정화 능력이 낮다.

　산성비가 즉각적으로 나무를 고사시키지 않는다. 대신 잎을 파괴함으로 나무를 약화시키고 점차로 토양에서 나오는 독성물질에 나무가 노출됨으로써 고사한다. 나무의 고사나 상해는 산성비와 다른 삼림위협요인이 합쳐져서 일어나기도 한다. 산성이 강한 물은 토양에 있는 영양물질과 미네랄을 녹여서 나무 성장에 사용하기 전에 제거되게 한다. 동시에 산성비는 알루미늄 같은 독성물질이 토양에 증가하게 하는 요인이 되기도 한다.

그러나 산성비 외에도 고도가 높은 산지는 산성구름 산성안개에 노출이 많이 되므로 이러한 피해를 입은 잎은 추운 겨울에 견디지 못하고 고사한다.

## 산성비와 미생물

산성비는 미생물의 활성을 저하시킨다. 미생물은 유기물을 분해하고 동물플랑크톤의 먹이가 되므로 중요한 구성원이다. 특히 산성 환경에서는 세균의 활성이 낮아지므로 유기물의 무기화작용, 영양소 순환 및 에너지유동이 낮아져서 생태계의 기능이 떨어진다. 가장 쉽게 눈에 띄는 미생물활성의 저하는 낙엽이 분해되지 않은 채 쌓이는 것으로 알 수 있다. 실제로 물속의 세균 수는 중성수보다 산성수에서 훨씬 감소된다. 더구나 하천의 물표면, 돌멩이, 나뭇잎 또는 대형 수생식물의 표면에 붙어사는 부착성 미생물은 산성화에 민감하다. 이들 부착성미생물은 하천의 생산성에 깊이 관계하는데 물의 산성화에 의해 멸종된다. 담수생태계의 미생물은 세균류와 곰팡이류로 크게 나누어지는데, 물이 산성화되면 세균의 활성이 낮아지므로 유기물의 분해속도가 느려진다. 설상가상으로 산성수에서는 곰팡이류의 균막이 발달하여 세균의 활성을 더욱 떨어뜨린다. 실제로 곰팡이류는 산성수에서 0~4종인데 pH 6.8의 중성수에서 14종으로 증가된다.[2]

식물플랑크톤은 수서생태계의 1차 생산자이며, 동물플랑크톤과

---

2) 김준호, 2007, 산성비, 서울대학교 출판부

초식성 수서곤충 및 어류의 먹이가 된다. 식물플랑크톤의 종 다양성
은 중성호수에서 무기 영양소가 충분한 늦여름에 50~60종 이상으
로 증가하지만, 산성호수에서 무기영양소가 부족하면 10~20종으로
감소된다.

## 지렁이와 산성토양

지렁이는 보통 산성토양에서 살지 못한다. 석회암 토양에서는 수
많은 지렁이가 살고 있어 그들의 배설물로 토양의 물리화학적 특성
이 개량된다.

## 산성비와 자동차

산성비가 자동차페인트와 코팅에 피해를 준다고 보고되었다. 새
로 페인트한 차량에서 더 큰 피해가 발생한다. 자동차에 흠이 난 부
위에 산성비가 내렸을 때는 더 큰 피해가 있다. 강우 시에 커버를 씌
우거나 다른 코팅을 해야 한다. 자동차 업계는 이 문제에 대해 인식
하여 산성비를 견딜 수 있는 코팅을 개발하려 한다. 우선 산성비의
피해를 줄이기 위해 자주 세척하고 덮개를 사용하도록 한다.

## 산성비와 문화재

건물의 부식과 금속의 부식, 대리석, 석회암의 풍화 등으로 유적
지의 피해가 보고되고 있다. 산성물질이 문화재에 집적됨으로 유지

비용이 증가된다.

## 인간에 주는 피해

질산염 황산염 성분이 대기 중 시정거리를 감소시킨다. 미국 동부 국립공원과 서부의 그랜드 캐니언, 브라이스 캐니언 국립공원에서 시정거리가 감소하여 개선을 위한 노력을 기울인다.[3]

산성비가 인간에게 주는 피해는 간접적이다. 산성비에 의한 오염물질인 이산화황 질소산화물이 인간의 건강을 위협하지 않는다. 황산염과 질산염이 대기에서 만들어져 호흡하면서 미세입자가 투입되면 질병이 증가하고 심장, 폐의 기능저하, 천식을 일으킨다.

대기오염방지법에 의해 이산화항과 질소산화물은 규제된다. 발전소의 탈황시설과 같은 시설투자로 이산화황과 질소산화물을 줄임으로 황산염과 질산염을 줄일 수 있다.

## 산성비와 지역갈등

### ■ 스칸디나비아국가들과 영국, 독일의 갈등

독일, 영국, 폴란드에서 나오는 황산화물, 질소산화물이 탁월풍을 타고 스칸디나비아에 산성비로 내렸다. 영국 북동부의 발전소와 독일의 루르지방에서 황성분이 높은 석탄을 사용하여 배기가스로 나온 황산화물이 편서풍을 타고 북해로 이동한 것이다. 1960년대 영국

---

3) epa

은 이에 대해 관심이 없었으나 노르웨이, 스웨덴은 계속적으로 개선 조치와 책임을 요구했다. 영국을 비롯한 관련국들은 발전시설에 탈황시설을 설치하도록 하여 85% 정도 황산화물이 제거되었다.[4] 스칸디나비아 국가들에 낙하된 산성물질은 조류(algae)의 성장을 촉진시키고 지표수에 용존산소를 감소시켜 어류의 폐사가 보고되었다. 노르웨이에서 1920년대부터 민물고기의 감소가 나타났다. 물의 산성화가 빠르게 진행된 것은 1960~1970년대의 일이다. 예를 들면, 노르웨이 남부는 빗물이 pH 4.3 또는 그 이하였고, 지표수는 pH 5.0 이하였다. 1978년까지 연어와 송어가 절반으로 감소되었으며, 1978~1983년 사이에 30%의 송어와 12%의 황어가 감소되었다. 특히 바다에서 살다가 모천에 돌아오는 회유성물고기(대서양 연어와 송어)는 오염으로 인해 산란하지 못하여 피해가 커졌다.[5]

### ■ 미국과 캐나다

미국 1,000개의 호수에서 산성 퇴적물을 조사 한 결과 산성비가 호수의 75%, 하천의 50% 이상의 산도를 높이는 원인임이 판명되었다.[6] 미국에서 지표수의 산성화가 발견된 곳은 뉴욕 주의 Adirondacks and Catskill Mountains 같은 지역이다. 규모가 작은 호수까지 포함하면 더 많은 호수가 산성화되고 있다. 산성이 증가해도 토양이 자정할 수 있지만 토양의 자정능력이 낮은 지역의 하천은 산도가 높다. 뉴저지주에서 90% 이상의 하천이 산성화되었다.

---

4) Acid rain: An environmental crisis that disappeared off the radar, 2010 June The independent

5) 김중호, 2007, 산성비, 서울대학교출판부

6) Environmental Protection Agency

미국에서 날라오는 산성퇴적물이 캐나다 동부에 영향을 준다. 따라서 캐나다 동부의 14,000개의 호수가 산성화된 것으로 예상된다.

미국과 캐나다에서 눈 녹은 물이나 하천의 유량증가에 의해 산성도가 감소하기도 하지만 어류의 폐사가 빈발한다.[7] 미국과 캐나다에서 1920~1930년대의 기록에 남은 어획 상황으로 보아 그 당시에는 하천과 호소가 중성을 유지했다. 그런데 1930~1979년까지 호수 물은 연간 pH 0.12 단위씩 낮아졌다. 1970년대에 정밀조사한 결과 40개의 호수 중 21개는 pH 5.0 이하로 낮아져서 민물고기가 멸종되었음을 비로소 알게 되었다. 이밖에 120개의 다른 호수에서도 민물고기의 감소가 밝혀졌다.

캐나다에서도 물의 산성화로 민물고기의 종 다양성과 수가 감소되었다. 즉, pH 5.5의 호수에서 32%의 어종이 감소되었고, pH 5.0에서 72%의 어종이 감소되었다.

### ■ 중국과 동북아시아 국가들

산성비의 원인물질은 발생지역으로부터 500~1,000km까지 이동함으로써 월경성 환경문제를 유발시킨다. 동북아시아지역은 한·중·일의 계속적인 에너지 소비량 증대로 말미암아 주요 산성비 피해지역이다. 한·중·일 3국은 장거리 이동 오염물질과 산성비에 대한 공동조사를 진행해 왔다.[8]

---

7) environmental protection agency

8) 영남일보, 2000년 2월 28일

표 1. 동북아 국가 간 대기 질을 비교[9]

| | 중국 | 일본 | 한국 |
|---|---|---|---|
| 이산화질소 | 베이징 90 | 동경 18 | 서울 44 |
| | 상하이 53 | 오사카 19 | 부산 60 |
| 이산화황 | 베이징 122 | 동경 68 | 서울 60 |
| | 상하이 73 | 오사카 63 | 부산 51 |

중국으로부터 탁월풍에 의한 오염물질 이동은 계속되고 있다. 동아시아 산성강하물 모니터링 네트워크 구축(EANET: Acid Deposition Monetering Network in East Asia)은 지역별로 산성강하물량의 변화와 분포에 대한 상설 모니터링 체계를 구축하고 장기적으로 동아시아 지역의 산성비문제 해결을 위한 지역대책을 수립하여 이 분야에 대한 지역협정을 체결하고자 한다. 주요 사업은 건성강하물, 습성강하물, 토양 및 생태계, 내륙 호소수질 등 4개 분야에 대해 모니터링을 실시하고, 모니터링 데이터의 수집·평가·전파를 목적으로 하고 있다. 참여 국가는 한국, 중국, 일본, 러시아, 몽골을 비롯하여 동아시아의 태국, 필리핀, 말레이시아, 인도네시아 등 10개국이 참여하고 있다. EANET는 1992년 일본 환경청에서 동아시아 지역 내 산성비 문제를 해결하고자 한국·중국 등 10개 국가에 대해 지역 환경 협력 체계 구축 필요성을 제기한 이후 1993년 10월부터 10여 개국 전문가 회의가 일본 주도로 개최되었다.[10]

---

9) World Bank, world development indicators, 2004.

10) 김정인, 김진욱, 東北亞 環境協力: 실상과 허상의 괴리, 대외경제정책연구원, 2004 W. Takahashi, 2000, formation of an east asia regime for acid rain control: perspective of comparative regionalism, Int'l review for environmental strategies, Vol.1, No.1 97-117

## 호수 하천의 복원

유럽이나 북미북동부에서는 산성화된 토양과 호수·하천의 복원 방법을 연구하여 그 결과를 실용화하고 있다. 그러나 생태계의 구조와 기능은 너무나 복잡하기 때문에 복원을 하더라도 산업혁명 이전의 원시상태로 복원시키기는 거의 불가능하다. 산성화되기 이전의 원시 생태계는 서식지와 생물 종이 최고의 다양성을 유지하여 종 다양성이 높은 생물군집을 형성했을 것이다. 하지만 일단 산성화된 생태계는 어떤 방법을 써서 복원하더라도 인간 위주의 경제가치를 우선하기 때문에 원시상태로 복원시키기가 어려운 것이다. 또 비록 서투른 복원을 한다하더라도 비용이 너무 많이 들고, 완벽한 방법을 찾기가 어렵다. 게다가 한번 산성화된 토양, 지표수, 지하수 및 생물군집을 복원시키려면 오랜 시간이 걸린다. 그리고 생태계에 석회처리를 하여 복원시키더라도 몇 년이 지나면 재산성화 된다. 유럽에서 황배출량은 40년 전에 정점에 달하였고 오늘날 상당히 감소하고 있는 데도 토양과 물의 산성화는 아직도 계속되고 있다.

Part 10

# 사막화

사막화는 인간 활동과 기후변화에 의한 토질의 악화이다. 세계에서 연 750억 톤의 토양이 바람과 물에 의해 침식된다. 매일 25,000명의 인구가 기아로 사망한다. 세계 2억 5천만 이상의 인구가 사막화에 의해 영향을 받는다. 10억 이상의 인구가 사막화에 의해 위험에 처해있다. 몽고에서 45% 면적이 사막이며 90% 면적이 건조, 반건조지역으로 사막화의 위험에 처해있다. 65% 면적은 사막화 고위험지역이다.

사막화는 건조, 반건조, 건조습윤지역에서 일어나는 토질악화이다. 이는 기후변동과 인간 활동으로 발생하며 사막화는 기존 사막의 확장을 의미하지 않는다. 이는 전 세계 지표의 1/3의 건조생태계에서 일어나고 있는 현상이다.

세계 주요사막은 자연 형성작용으로 장시간에 걸쳐 만들어진다. 인간의 활동으로 사막이 성장하거나 축소될 수 있다. 사하라사막의 경우도 기존의 범위 이상으로 확장된 것이다. 세계의 지역에 따라서는 사막이 산맥이나 다른 지형적 제약으로 단절된 경우도 있다. 인간 활동이 생태계에 스트레스를 주어서 지표가 악화되는데 예를 들면 토양 상부의 압박증가로 토층이 치밀해지면서 토양수 침투를 감소시키고 방목이나 화목의 채취로 토양을 유지시킨 식생을 제거함으로써 물이나 바람에 의한 침식을 가속화시킬 수 있다.

생산적 토양의 악지화인 사막화는 복합과정이다. 여러 요인이 작용하며 기후에 따라 다른 속도로 진행된다. 사막화는 건조한 환경으로 갈수록 심화될 수 있다. 사막화는 선상으로 나타나지 않는다. 자연사막은 먼 지역에서 토양관리가 잘못됨으로써 빠르게 토양의 악화가 심화될 수 있다. 근처에 사막이 있고 없고는 사막화와 직접 관련이 없다. 불행히도 사막화는 상당히 진행되고 나서야 관심을 가지게 된다. 특정지역이 사막화 이전의 생태계에 관한 정보가 없는 경우가 많다. 과학자들은 사막화가 전 지구에서 일어나는 변화의 과정으로 되돌리거나 멈추게 할 수 있는지에 대해 의문이다.

1930년대 미국 대평원의 먼지폭풍(dust bowl) 사건에서 사막화가 알려지기 시작했다. 먼지폭풍 동안에 수백만의 농민들이 농장과 생활터전을 버렸다. 대평원의 개선된 농경, 수질관리에 의해 먼지폭풍과 같은 재해가 다시 일어나지 않도록 방지했다. 한계농지에서 가축 두수를 너무 증가시키거나 인구가 증가하면서 사막화를 가속화시킬 수 있다. 덜 건조한 지역으로 이주하는 방목자들이 지역 생태계를 파괴하고 토양침식을 증가시킨다. 가뭄이 사막화를 가져온다는 가져온다고 잘못 인식되기도 한다. 가뭄은 건조, 반건조지역에서는 흔하다. 강우가 오면 잘 관리된 지역은 가뭄에서 회복될 수 있다. 가뭄이 서부아프리카 사헬에서 1968년부터 시작되었고, 1973년까지 십 만 명이 넘는 사람들과 12백만의 가축을 고사시키며 사회구조와 국가를 붕괴시키기까지 했다.

사막화가 미디어의 관심이 되었으나 아직도 토양의 악화와 사막의 확대에 대해 모르는 것이 많다. 연구자들 간에도 사막화의 정도, 원인에 대해 의견 일치를 가지지 못한다.


## 지구적인 사막화 모니터링


위성자료가 사막화에 대한 이해를 돕는 자료를 제공한다. 25년간 위성사진으로 동일지역을 계속해서 관찰하여 위성사진이 인간과 동물의 영향을 보여주는데 도움자료가 된다. 사막화에 대한 완전한 이해를 위해서 원격자료 외에도 현장조사자료가 필요하다.

개인과 정부가 그들의 토지를 보호할 수 있다. 사구에서 구릉이 있으면 모래가 이동하는 것을 제어할 수 있다. 미국과 중앙아시아 지역에 사구펜스가 설치되기도 했다.

관개로 물이 있는 지역은 관목을 식재하기도 한다. 식생은 풍속을 감소시켜 모래의 이동을 막는다. 오아시스와 농장에 나무펜스가 초지벨트를 조성해서 보호한다. 대규모로는 중국에서 만든 녹색장벽이 있다(5,700km).

건조지역에서는 수자원을 보다 효율적으로 사용하고 토양염류화를 제어하는 것이 중요하다. 내리는 강우를 저장하거나 이웃 고지로부터 계절적 유출양을 제어하여 관개하는 등의 방법이다.

건조, 반건조 지역의 지하수를 효율적으로 사용하는 방법이 있다. 건조지역에 윤작을 해서 토양을 보호하는 방법이다. 모래를 고정시키는 식생을 심고 방목지에서 수자원을 과다사용하지 않는 방법, 기후변화, 인구증가 식량생산이 어떻게 환경에 역작용할 수 있는지 면밀히 조사한다. 가장 효과적 간섭은 지구과학 정보를 지혜롭게 활용하는 것이다.


## 사례지역

### ■ 몽고의 사막화

거주지와 수원주변의 방목압력으로 건조와 반건조지역의 광범위한 사막화가 일어났다. 방목지에서 너무 많은 수의 가축(carrying capacity)을 사육하고 식생을 관리하지 못해 토양이 나지화된 것이다.

경작지에 나무가 없어 바람을 막지 못하므로 토양침식이 가속화되는 것이다. 토양침식으로 지난 40년간 작물생산량의 감소와 작물생산 변동량이 크다. 작물경작에 의해 사막화가 되기도 한다.

삼림의 벌채도 사막화에 기여한다. 경사가 급한 지역에서 벌채를 위한 차량진입로를 설치한 사례이다. 광산 개발 후 폐기물을 처리하지 못하여 토지의 악화를 초래할 수 있다. 사막화 위험지역에서는 농업, 축산, 수자원관리, 임업을 수행하면서 복합적인 영향을 고려, 검토하는 정책이 시급하다.[1)]

### ■ 사헬

사하라사막과 수단 사바나 사이의 생물지리지역이다. 반건조기후로 사헬은 북부 세네갈에서부터 남부 모리테니아, 중부 말리 남부, 알제리아, 니제로, 차드, 남부 수단, 북부 남수단을 포함한다. 수백년 동안 사헬은 규칙적인 가뭄과 대가뭄을 경험했다. 1450~1700년 사이의 대가뭄은 250년간 지속되었다. 1914년에도 큰 가뭄으로 대량 아사자가 발생했다. 1951년에서 2004년 사이 사헬은 계속적이며 심각한 가뭄을 경험했다. 1960년대에 강수량이 증가하여 북부에 인구이동이 일어났다. 1968~1974년 사이에는 방목이 불가능해지고 전 세계적인 구호물자가 공급되었다.

2004년 차드에서 모래폭풍이 빈발했고 일년에 평균 100일 정도는 발생하는 지역이다. 2008년 소말리아의 동부평원과 케냐의 북동부

---

1) Zambyn B., Desertification in Mongolia Zambyn Batjargal National Agency for Meteorology, Hydrology and Environment Monitoring, Khudaldaany gudamj 5, *Ulaanbaatar 46, Mongolia*

에서 모래폭풍이 발생했다. 2010년 모리타니아, 세네갈, 감비아, 기니아, 비소, 시에라레온지역에서도 모래폭풍이 발생했다. 동시에 동부 알제리아, 모리타니아 내륙, 말리, 코트디브아르에서도 발생했다.

2010년 다시 니제로에서 곡물 생산이 급감하고 35만 명이 기아선상에 처하고 120만 명이 아사위험에 처했다. 계속적으로 고온기후가 계속되고 주민들의 아사, 질병, 영양실조, 어린이사망으로 이어졌다.

부적절한 토지이용과 과목에 토양은 아주 취약하다. 빈곤, 정치적 불안정, 삼림벌채, 과목, 부적절한 관개가 토질의 생산성을 공격한다. FAO는 사막화에 대한 자연, 인간의 영향을 기술한다. 지난 40년간 아프리카의 사헬은 60년대부터 매우 건조하고 수백만 명의 인구가 기아선상에 놓여있다. 인간에 의한 토지의 남용인가, 기후변화에 의한 것인가 또는 둘 다 관련되어 있는가에 대한 명확한 답이 없다. 우선 잘못된 토지이용은 제1의 원인이다. 유엔 사막화회의에서 사막화의 주요 요인으로 토지이용에 관심을 두었다. 그러나 요인이 복잡하다는 것을 알기 시작했다.

사헬과 사하라의 기후는 마지막 빙기 이후 과거 11,000년 동안 변화했다. 사하라는 문명의 변화와 함께 확장되거나 축소되는 과정을 반복했다. 지난 11,000년 동안의 기후변화 중 가장 두드러진 것은 사하라와 아라비아지역의 사막화이다. 사하라에서 농경이 어렵게 되면서 나일강 계곡의 문명이 성립된 것과 티그리스 유프라테스의 계곡을 따라 문명이 일어난 것과 관련이 있다.

독일과학자는 사막화는 자전축의 변형에 의하며 이는 기권, 식생에 영향을 주는 결과를 (특히 아열대 지역에서) 가져왔다는 것이다. 그들은 기권, 해양, 해빙, 식생분야에서 일어난 전 세계적인 변화시기와 같다는 것이다. 즉 자전축의 미세한 변화가 기권, 해양 식생에 이르는 변화에 연결되어 있다고 주장한다.

10,500년전 부터 사하라 지역에 강수량 급감한다(영거 드리아스 말기). 그리고 7,200년 전경 부터 잦은 가뭄이 사헬의 남부로 잦은 가뭄이 화장된다. 5,500년 전부터 사하라는 완전한 사막이 된다. 이는 사하라를 떠난 주민이 나일계곡으로 이주하게 되는데 5,000년 전(기원전 3000년) 나메르 왕(Namer)의 통치왕조가 시작된 것이다.

1950~70년대에 강우량 감소로 가뭄이 오고, 가뭄은 생태취약지역에 영향을 주게 된다. 유엔 사막화 가뭄대책회의 수립 이후 기상학자, 해양학자, 지리학자들이 가뭄의 원인을 이해하려 노력한다. 기상, 해양학자들의 최근 연구는 사헬 강우량의 변화는 기니아 만의 해수면 온도변화와 태평양의 엘니뇨에 의한 것이다. 만이 더워지면 열대수렴대가 사헬로부터 남부로 이동하여 아프리카 계절풍이 가져다주는 수증기를 감소시킨다. 장기간의 강우는 서인도양의 해수면온도와 열대 대서양의 해수면온도의 변화에 의한 것이다. 이 지역이 저온이면 사헬의 강우는 증가한다는 것이다. 지표가 건조해지면 식생이 덜 자라고 지표에서의 증발이 줄고 지표에서 더 많은 반사량이 나타난다. 이러한 과정이 지표에서 인간이 초래한 토지이용변화와 상호작용으로 토질악화가 일어난다.

20세기 사헬의 건조화는 광범위한 지역에서 기아가 발생함으로 전 세계의 관심을 끌고, 국제적으로 사막화에 관한 연구를 촉진시켰다. 강우량 변동은 사헬의 취약요인이다. 그러나 환경위기를 비난함은 사헬 다이나믹스를 몰이해하거나 너무 단순화시킨다. 기후는 농업, 가축을 생산성을 낮추는 과정의 요소이며 반세기 동안 인구성장,

삼림벌채 과목의 혼합효과가 강우를 감소시키거나 환경정책의 부재, 잘못된 발전전략 등이 사헬 토양의 황폐를 가져왔다는 것이다. UNEP나 다른 기관에서도 인간의 영향에 대해 다음과 같이 설명한다. 인구증가(20년에 2배)가 일어나고 개인소득이 연 500불 정도로 지역의 국가들은 세계에서 가장 가난한 하위 25%에 속하는 국가들이다. 과목과 화목의 사용 등은 토양침식을 가져오고 전통적으로 농작물, 나무, 가축을 통합한 토지이용체계가 급작스럽게 변화되고 임목다양성이 상실되고 임목면적감소, 토양의 생산성 악화 등으로 작물재배의 악순환이 계속된다는 것이다.

### ■ 중국의 사막화

중국의 사막화와 사막 연구는 1950년대 시작되었다. 중국의 넓은 면적이 사막이며(27%) 사막의 관리와 모래의 활용에 관한, 사막화와 지구기후변화, 대기오염, 토지정책의 변화와 사막화와 지속가능한 수자원활용 등의 연구로 확장되고 있다. 사막의 확대는 중국 발전의 저해요인으로 작용할 수 있다. 사막화지역에 4.2억의 인구가 거주하며 에너지와 원료의 50~60%가 공급되는 지역이다. 2000년 모래폭풍에 의한 피해로 그 심각성을 재확인했다. 가옥과 농경지 파괴가 중국의 북부, 북서부, 북동부에서 발생했다. 라오닝성에서 1950년대 중반부터 작물을 보호하기 위해 나무를 식재하기도 했다.[2]

1950~60년대 연구동향은 사막에 관심을 두고 사막의 야외조사, 공간범위 등에 대해 연구했다. 사구의 나무 식재, 식생의 천이 등에

---

2) Xueyong Zhao, Desertification Research in China, Institute of Arid and Cold Regions Environmental and Engineering Research, Chinese Academy of Sciences

대한 연구가 주로 이루어졌다.

1960~70년대에는 문화대혁명시기로 연구가 중단되었다. 하지만 토지이용정책의 미흡과 인구증가로 사막화가 확산되었다. 제3기는 1970년대 이후인데 UN 나이로비 사막화회의 이후 중국정부는 경제개발 필요성에 따라 사막화에 관한 연구를 전국적으로 수행했다.

중국 생태연구네트워크에 의한 내몽고, 신장 스테이션에 대한 계속조사와 피해 생태계의 복구와 장기 연구를 어떻게 할 것인가에 대한 결정을 위한 정보를 수집했다. 환경변화를 모니터링함으로써 얻어졌으며 40여 년간의 사막화연구로 항공사진, 위성사진 현장조사 등이 수행되었다.

북부, 북서부 중국의 사막은 제4기에 조성되었으며 공급된 모래는 주변의 고원, 산지에서 바람과 물에 의해 공급된 것이다. 사막의 확대는 건조와 반건조지역의 수원 부족이 원인이었다. 타림강, 하이히강, 시양히강 등에서 물을 공급하는 문제에 대한 연구도 병행하고 있다.

나이로비 사막화회의 후 학자들은 사막화가 토질악화의 과정이며 인간 활동과 기후변화에 의한 것이며 개선시킬 수 있다고 생각하기 시작했다. 모래의 이동은 지표면을 구르며, 도약하며 이동한다. 사구의 변화가 바르한 활동과 연관되고 오아시스 주변에서 경작지의 확대는 물의 사용증가로 호수의 축소와 고갈로 이어진다.

## 사막화에 의한 피해

중국과 인접국에 금전적 피해와 대기오염에 의한 피해로 연결된다.

사막화의 원인인 지구기후변화, 특히 온대 중부의 건조화와 강수량 감소, 강한 바람, 식생의 부재 등 지난 100년간 기후변화가 극심했다. 그러나 인구증가와 집약적 경작, 가축사육증가 등이 물 사용을 증가시킴으로 사막을 확대시켰다. 인간활동은 과목, 벌채 화목, 집약적 경작 등이 관련된다. 양 한 마리 사육에 현재 0.19sq km를 사용하는데 실제로 양 한 마리를 사육하기 위해 1.04 sq km의 초지 면적이 필요하다. 오아시스의 물 과다사용으로 염류화, 지하수면 하강, 호수의 고갈 등이 내몽고에서 보고되었다.

약초 채취도 초지의 파괴를 가져온다. 토양유기물의 손실, 미립자의 손실로 토질악화를 초래한다. 경작 북방한계선(농경 방목혼합지역)에서의 경작이 사막화를 가져온다는 주장도 있다. 농경과 방목이 혼합으로 행해지는 지역은 사막화에 매우 취약한 지역이다. 1950~70년대에 사막화 모니터링을 수행하여 지도화 작업을 했다. 북서, 북동부 중국에서 토양변화와 토지생산성 유지를 위해 작물선택, 비료적용, 적절한 관개를 포함한 지속가능한 토지이용을 모색하고 있다.

대상지역의 사막화 추이와 기후변화 사이의 관계를 알기 위해 유적도시 자료와 상인들의 활동 추적으로 과거의 사막화과정을 조사한다. 재식림이 사막화제어의 가장 효과적 조치이므로 적절한 식물을 토양을 고려하여 적절한 장소에 식재하는 것이 중요하다. 고온과 저습환경에서 광합성을 할 수 있는 작물이 대상이다.

## 생태학과 사막화

식생이 제거된 후 토양구조 변화, 유기물손실, 토양생산성 악화로 이어지면서 사막화로 진행된다. 나무가 제거되면서 다년초, 일년초, 관목으로 변화하면서 토양유기물의 다양성이 감소하고 토양 동식물의 감소, 미생물 감소로 토양 내 분해활동이 중지되고 물질과 에너지순환이 중단된다. 토양구조의 회복은 재식림을 통한 에너지와 물질의 순환을 복원시킴으로써 가능하다.

사막화방지를 위해서 기후, 자연의 과정, 사회·경제적 요인 등이 작용함으로써 가능하다. 정부, 시민, 연구자의 참여에 의해서 성공에 이를 수 있다. 지속가능한 토지자원이용과 수자원의 적절한 활용, 하천체계 내에서의 지속가능한 물 자원 활용이 인구 변화 추이를 고려하면서 반영되어야 한다.

Part 11

# 지속 가능한 발전

지속가능한 발전은 1980년대 세계보전전략(world conservation strategy)에서 개념이 유래된 것이다. 이는 3개의 발전계획을 가진다. 우선 생태적 작용의 유지(maintenance of ecological process) 자원의 지속적 사용(sustainable use of resources), 종의 다양성 유지(maintenance of genetic diversity)이다. 지속가능한 개발은 브룬트란트 보고서(Brundtland Commission)에 의해 (세계 환경과 개발회의) 1987년 보고되었다. 이는 생태계와 경제체계의 결합을 강조한다. 미래세대가 그들의 필요를 충당할 능력을 희생하지 않고, 현재세대의 필요를 충족시키는 발전의 개념이다. 1992년 Riode Janeiro의 UNCED에서도 지속가능한 개발은 경제에서 자원을 효율적으로 사용하고 폐기물, 오염을 줄여 정화능력과 보조를 맞추는 방향으로 주창되었다.

## 인간의 사회경제적 체계

기존의 인간과 환경의 상호작용에서 설정되었던 관계의 변화가 불가피해졌다. 지금까지 인류가 발전시킨 사회경제적 체계가 생태계와 자원 재활용의 관점, 환경적 서비스의 관점으로 변화가 요구되고, 변화 필요성이 제기되고 있다. 사회경제적체계가 너무 커져서 환경을 훼손하는 능력이 증대되었다고 지적한다. 인간의 활동이 생태계와 조화를 이루지 못하면 파괴할 수밖에 없는 지경에 도달했다는 것이다. 예를 들면 대만과 태국에서의 새우양식업이 수질의 악화와 부영양화로 몰락하게 되고 맹글로브 삼림도 제거되는 결과를 가져왔다. 자연환경과 사회경제체계의 균형이 파괴되었던 역사는 많은 사례를 보여준다. 900년경 마야문명의 몰락은 과도한 경작에 의한 토양악화와 옥수수에 바이러스가 번져 농산물생산이 급감한데서 일어났다. 10~12세기 캄보디아의 앙코르와트 문명은 삼림을 벌채하면서 실트가 운하를 막고 습지가 조성되면서 전염병이 만연함으로 쇠퇴했다.

## 부의 축적과 환경임계점

부의 축적은 자연환경을 파괴함으로써 이루어진다. 축적된 부는 사회의 복리증진에 기여하고 위생시설의 개선으로 인간의 수명을 증가시켰다. 어떤 시점에 환경임계점(environment threshold)을 넘어섰다. 그 후의 단계로 진행이 어려워진다. 부적절한 개발은 계속 진행되고 이어진 발전 사이클은 사회경제적 체계의 붕괴를 초래한다. 즉, 스트레스의 증가가 적절치 않은 개발로 이어지면서 자연환경의 질이 저하되고, 또 연속적인 부의 증가를 위해 노력하면서 스트레스가 증가되고 적절치 않은 개발은 계속되다가 환경임계점에 도달하는 것이다. 지금 현재 일어나고 있는 지구온난화, 오존층 파괴 등을 보면 알 수 있다. 임계점을 넘은 환경은 자연환경과 사회경제체계가 공생적인 관계(symbiotic relationship)로 전환할 것을 요구한다.

## 지속가능지표

경제협력개발기구(OECD, 1998)에서 제시하고 있는 지속가능발전을 위한 지표는 환경지표와 사회·경제지표로 대별되며 환경지표는 9개 분야에 18개 지표, 사회·경제지표는 6개 분야에 15개 지표 등

총 15개 분야에 33개 지표로 구성되어 있다. UN지속개발위원회 (UNCSD, 2007) 지속가능발전 핵심지표는 14개의 주제(빈곤, 국정운 영, 건강, 자연재해, 대기, 토지, 경제개발, 국제경제협력, 소비/생산, 교육, 인구통계, 해양/바다/연안, 담수, 생물 종 다양성)로 구분하여 설정되었다. EU의 지속가능발전지표는 사회적·환경적·경제적· 제도적 측면 등 4개 분야, 총 63개 지표로 구성된다. 미국의 지표는 국가지속가능발전을 위해 선정한 20개 이슈를 중심으로 40개 지표 로 설정되었다. 영국의 1999년에 발표된 '생활의 질 측정(Quality of life counts)'이라는 보고서에서 지속가능발전의 주요과제 및 실천지 침과 관련하여 15개의 핵심지표와 135개의 국가지표 등 2개 종류로 구성된 국가지속가능발전지표를 제시하였다. 지표들은 표현의 차이 는 있으나 환경에 스트레스를 덜 주면서 발전의 목표를 달성하려는 시도이다.[1]

## 환경경제학

환경재화와 서비스에 대한 가격을 적절히 계산하는 것은 중요하 다. 어떠한 상품 가격의 결정할 때 원료비(raw material)가 추출비용 (extraction cost)과 함께 폐기비용(disposal cost)을 포함하게 되었다. 사람들이 가격을 지불할 때는 자원과 그 자원을 잃음으로써 올 결과 에 대한 인지와 지식에 근거해 지불한다는 것이다. 돈을 지불할 때 는 자원에 대한 지식과 인식에 따라 얼마를 기꺼이 지불하겠다는 것

---

1) Middleton,N., 1995, Global casino, an introduction to environmental issues, Edward Arnold

이 결정된다. 그러나 정보가 미디어나 다른 이익단체에 의해 조작될 수 있다. 예를 들어 멸종위기의 생물이나 그랜드 캐니언의 경관을 더 이상 갖지 못하는 데 대해서 지불하려는 가격 등이 해당된다.

환경의 측면이 적절히 가치로 평가되지 못한데서 환경의 질이 악화되었다.

특히 공동 소유하는 공기, 해양 등에 대한 과도한 이용, 남용에 의한 가치평가가 잘못되었다는 것이다. 그들은 다만 가치를 매기는 것이 완전하지는 못하더라도 아무런 가치를 부여하지 않는 것보다는 낫다고 생각한다.[2]

환경경제학자들은 자연환경을 금전적 가치를 환산하며 환경훼손은 시장경제체계가 환경에 가치를 부여하지 못한데서 출발한다고 주장한다. 환경이 경제기능에 서비스하고 경제이익을 가져다주는데도 불구하고 환경재는 공짜이거나 저평가되었다는 것이다 그러므로 과다 사용하거나 남용한다는 것이다. 자연환경이 주인이 없고 가격표가 없으므로 그를 보호하려는 인센티브가 없다는 것이다. 해결방법으로 환경에 가격을 매겨서 경제체계와 병합하면 모든 결정을 할 때 신중하게 한다는 것이다. 다른 하나는 경제도구를 통해서이다. 세금, 오염자의 벌금 등의 도구로 행동을 제어하도록 유도할 수 있다. 환경손실을 금전으로 측정하는방법은 대기와 수질오염, 위생비용, 토양이 악화되어 작물의 질이 나빠지면 작물의 질 가치 등으로 측정하려한다. 청결하고 안전한 환경으로 인해 건강이 개선된다면 절약된 의료비 이상의 가치가 된다.

---

2) Middleton,N., 1995, Global casino, an introduction to environmental issues, Edward Arnold

McNeely(1988)는 두 가지로 나누어 가치를 매긴다.

직접적 가치(direct value)로 소비적 사용(consumptive use)과 생산적 사용(productive use)이다. 간접적 가치(indirect value)로 존재가치(existence value), 대안가치(option value), 비소비적 가치(non consumptive use) 등이다.

환경문제의 해결을 위해서 지금까지 국가, 개인, 지방정부가 또는 전 세계적인 모든 시민들이 환경에 대한 제한적인 지식과 환경변화로 초래되는 문제에 대해 정확히 알지 못하는 것이 중요하다. 온실가스에 의한 기후변화가 어떻게 일어나 전개되며 그에 따른 결과로 인한 다른 변화가 사회전체에 어떻게 일어날지 모른다. 우리는 다만 짐작할 뿐이다.

## 환경운동의 국제화

1980년대 이후 환경운동은 국제적으로 호응을 얻으며 전개되었다. 이는 오염물질의 국제적 이동 광역화, 개발도상국의 환경오염산업육성, 경제성장과 환경보호가 상호 배제적인 것이 아니며 보다 지속적인 발전을 위해서는 두 목표를 조화시켜야 한다는 이념이 확산되었기 때문이다.

### ■ 선진국과 개발도상국의 갈등

1) 사람의 기본적 욕구를 충족시키기 위해서 경제개발은 지속되어야 하지만 이러한 개발이 생태계의 수용능력, 즉 환경용량을 초과해서는 안 된다. 따라서 개발로 인한 환경에 가져올 장기

적 영향을 고려한 예방조치를 해야 한다.

2) 발전은 소득과 연관된 경제성장 뿐 아니라 건강, 교육, 환경 등 사회복지의 지속적 증진을 포함한 삶의 질을 향상시키는 것이어야 한다.

3) 현 세대의 개발행위로 인해서 다음 세대들의 선택 권리를 침해해서는 안 된다.

국민총생산은 삶의 질에 의해 측정하게 되었다. 자연 자원 고갈이나 환경오염으로 인한 사회적 손실(액)을 공제하고 산출하는 국민총생산이다. 환경문제가 세계의 관심사로 대두되면서 성장위주로 산출하는 기존 국민총생산 개념에서 환경비용을 고려해 계산한 국민총생산을 산출해야 한다는 요구가 나왔다.

종래의 국민총생산을 계산하는 방법에서 자원의 소실을 고려하고, 경제활동에 의해 자연환경에 가져올 수 있는 부정적 효과를 반영한 녹색 국민총생산(green GNP)은 영향지수(impact parameter)를 다음과 같이 입력한다.[3]

$$I = P \times A \times T$$

$I$ = Impact       (영향지수)
$P$ = Population     (인구)
$A$ = Affluence     (소비수준)
$T$ = Technology   (기술력)

---

3) Upadhyaya,K.,2011, Brief note on Green GNP, Preserve Articles.com

영향지수를 낮게 하기 위해서 인구를 억제하고, 소비수준을 낮추어 절제하며 기술을 개선시킴으로써 녹색 국민총생산을 높이는 노력을 할 수 있다.

## ■ 리우회의

모든 국가들은 지구환경문제를 더 이상 방치할 수 없다는 공감대가 형성되었다. 선진국과 개도국의 갈등, 환경파괴에 대한 과거의 책임, 복구에 따른 비용부담들이 있었지만 현재의 환경보호노력의 미흡으로 나타남으로 각 국은 차별적이면서 공동책임을 부담한다는 원칙에 합의했다(common but differentiated responsibility).

리우회의 후 국제기구설립과 협약(Basel 협약, 오존층보호협약)이 이어졌으며 환경과 무역의 연계정책도 논의되고 다자간 협상이 시도되었다.

선진국 의도의 방향으로 나갈 가능성이 크지만 개발도상국으로써도 세계적 흐름에 대응하기 위한 체계적 준비가 필요하고 국내적인 환경제도, 관리 강화, 환경규제정책강화, 국제적 환경수준에 맞는 기술개발지원 등으로 국익을 반영하려 하고 있다.

선진국은 국민 일인당 소비 수준을 높이지 않고 환경훼손을 줄이며 인구증가를 안정화시키려 노력하고 있다. 개발도상국은 인구 증가를 안정화시키며 폐기물기술과 오염정화기술을 현대화시키려 노력하고 있다.

## 에코포인트

인류에게 지속가능한 미래는 사회경제체제를 다음과 같이 유지하는 것이다. 즉, 개발에서 오는 환경영향을 최소한으로 사회에 되돌리는 방향으로 전환시키는 것이다. 인간에 의한 자연의 지배가 아닌 인간이 자연으로부터 분리되지 않은 자연의 일부가 되는 것이다. 에

코 포인트 제도는 소비자들을 유도하는 사례이다.[4]

일본은 '에너지절약 라벨링'제도를 실시해오고 있다. 소비자들에게 에너지절약 제품의 보급을 확대하는 동시에 제조업체에게 에너지 효율 개선노력을 촉진할 목적으로 추진되었다. 당초에는 에어컨, 냉장고, 냉동고, TV, 형광등기기 등 5개 품목을 대상으로 시작하였으며, 현재는 16개 품목으로 확대 시행 중이다.

2009년 5월 15일부터 소비자가 에너지 효율성이 높은 가전제품을 구입 시, 차후 현금처럼 사용할 수 있는 포인트를 적립해주는 제도

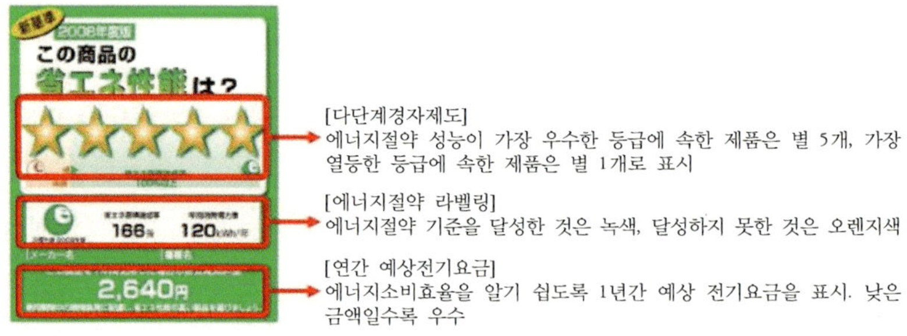


그림 1. 에코포인트

---

4) 국제무역연구원, 2009, 일본의 에너지 효율화를 위한 에코포인트 제도 시행 및 시사점

이다. 대상 품목은 시판중인 전기종의 63~76%에 해당된다. 적립된 포인트로는 열차 승차권과 차후 에너지절약과 환경배려에 우수한 상품, 지역경제 진흥에 유용한 상품 등을 구매할 수 있다.

에코포인트 제도는 소비자의 친환경 가전구입 및 활동에 대해 경제적으로 보상을 해주는 제도로써 이는 일본 내 온실가스 배출량 감축과 나아가 교토의정서의 성실한 이행에 효과적일 것으로 기대된다. 일본의 에코포인트 제도는 기업과 소비자들의 자발적인 친환경 행동을 유인하는 지원중심이다. 에코포인트 제도로 인해 다소 고가라도 에너지 효율성이 높은 제품을 구입하려는 소비자들이 늘어날 수 있다.

본 제도시행을 위한 막대한 예산확보 문제와 실효성 등에 대한 비판도 있다.

Part **12**

# 폐기물 관리

## 폐기물의 원천과 분류

광산과 건설, 연료사용, 산업화, 가정과 기관의 활동, 농업, 군사활동 등이다.

폐기물은 고체, 액체, 기체, 소음으로 분류된다.

폐기물생산은 인구, 도시화, 부와 연관된다. 인류학자 E.W. Haury는 인류학 발굴지에서의 문화유적층은 번영의 기간에 비례한다고 주장했다. 현대 폐기물 생산속도는 부의 척도와 관련이 있다. 각국의 GDP, 에너지소비 등과 같은 부의 척도는 폐기물의 양을 결정한다. 선진국과 개발도상국 모두 인구가 증가하고 부와 도시화가 진행되면서 폐기물의 양과 수집, 재활용, 관리에 어려움이 있고 생활의 질을 높이기 위해 대중건강과 안전, 환경에 주는 영향 등에 대해 고려할 필요가 대두되고 있다. 생활의 질을 높이고 온실가스 배출을 감소시키기 위해 폐기물 관리는 중요해지고 있다. 매립지의 메탄, 이산화질소는 온실가스와 관련되고 게다가 화석연료 연소는 이산화탄소를 증가시키기 때문이다.

최근의 연구는 온실가스배출의 간접적 감소를 위해 폐기물 재활용의 이익을 계량적으로 입증하려 한다. 소비자에게 폐기물은 중요한 재활용 에너지원이며 소각, 매립, 가스 활용, 생물가스 과정 등으로 개발가능성을 모색할 수 있다. 폐기물이 다른 바이오매스 자원과 비교해서 경제적 이익이 있는데 이는 규칙적으로 공공비용으로 수집되기 때문이다.

폐기물의 에너지 콘텐츠는 바이오 가스 생산 보다는 다른 열 과정을 사용해서 효율적으로 개발될 수 있다. 에너지가 직접적으로 종이

나무, 식품 등 바이오가스에서 얻어지는데 혼합된 도시폐기물에서 나오는 에너지는 6-14MJ/kg이다. 가장 효율적으로 처리하면 저질 석탄에서 내는 최고치에 접근하는 수치이다. 1톤에 9GJ 열이 나온 다고 가정해서 2002년 연간 900Mt/년이었다. 이를 지구 전체의 폐 기물로 환산하면 8EJ 정도이다. 세계적으로 태워지는 폐기물은 연 1 억 3천만 톤 이상이다. 매립지에서 나오는 가스는 $16.2MJ/Nm^3$인데 이는 난방과 전기 생산에 사용될 수 있다. 문제점은 화학물질이 위 험하지 않은 물질로 분해되는데 많은 시간이 필요하다는 것이다.

### ■ 매립(landfill)

많은 양이 매립되고 가장 보편적인 폐기물 처리방법이다(위험폐 기물까지도). OECD국가의 위해 폐기물의 2,400톤 중 70% 이상이 매립된다.

잘 관리되고 설계된 매립지의 경우는 환경에 피해가 적다. 매립의 문제는 해독성 물질의 지표수 또는 지하수 오염이다. 매립지에서 발 생하는 가스에 의한 화재의 가능성도 있고 매립되는 위에 토양을 덮 는데 가스와 악취가 발생한다는 점이다. 대개 가스를 모으는 장치가 마련된다.

전형적인 디자인은 불투수층(impermeable strata)을 설치하여 지하 수로의 유입을 걱정하지 않을 수 있다. 플라스틱이나 고무로 투수를 막는 장치를 마련한다. 과거의 위해 폐기물 매립지에서 누출수의 처 리에 관한 시설이 미흡하여 사고가 발생했다. 미국의 나이아가라 폭 포가 있는 지역인 Love Canal Site에서 발생한 사고이다. 사고 지역 은 1942~1953년 사이에 화학공장이 위치하여 20,000ton의 화학폐기물을 매립했다. 매립지 위에 토사를 덮은 후 학교와 건물을 신축했다. 매립 후 20년이 경과한 1975년 겨울비가 내리고 나서 지반 강하가 발생했다. 화학물질이 오염된 지표수가 검출되고, 지표수가 주민의 건강을 위협했고, 238채의 주택을 이주시키고, 청소를 시행했으며 1억 달러가 소요되었다.

이 사고가 나고 나서 선진국들은 오염수 누출 가능성 있는 매립지에 대한 조사를 착수했는데 독일은 50,000개 매립지, 네델란드는 4,000개 매립지, 미국 10,000개 매립지가 보고되었다.

매립지에서 문제가 된 폐기물에 대한 청소작업은 토지의 전 소유주와 현 소유주 중 누가 그 비용을 지불해야 하는가에 대한 심각한 논의를 시작했다. 현재는 매립에 대한 사전조치와 규제가 엄격하게 관리되고 있다.

그림 1. 러브캐널 지역

### ■ 소각(incineration)

부피를 감소시키고 유해물질 분해에 적당한 폐기물 처리법이다.
스위스는 80%, 룩셈부르크는 100%, 일본은 65% 이상의 폐기물
을 소각한다. 미국은 소각시설에서 전기를 공급하기도 한다. 폐타이
어와 같이 소각되지 않으면 장시간 큰 부피로 남아 있는 폐기물은
소각이 적절하다(미국에서 일년에 폐기되는 타이어가 2억 3천만 개
다). 소각이 주는 문제는 소각 시에 배출되는 중금속, 소립자 등의
매연 물질이다. 소각에 따른 문제점을 줄이기 위해 소각이전에 폐기
물 분류, 소각기술의 개선, 오염방지장치시설의 설치, 소각 후 나오
는 재의 매립(재를 건축재로도 사용) 등을 연구 발전시키고 있다.

소각장 위치선정에서 nimby(not in my back yard) 현상이나 LULU-
(Locally Undesirable Land Uses) 현상이 소득이 수준이 낮거나 소수민
족 공동체 중심(Poor and Minor Communities)으로 제기된다. 시민들의
강력한 저항으로 배출물 기준에 대한 엄격함이 요구되고 있다.

## 유해폐기물의 국제적 이동
(International movement of hazardous waste)

선진국에서 폐기물 처리에 대한 규정이 까다로워지면서 후진국으
로 대량 이동하여 80년대에 폐기물 무역이 선후진국 간 증가하였다.
1992년 바젤회의에서 이러한 폐기물을 규정하는 원칙을 수립했다
(Basel Convention on the control of Trans-boundary Movements of
Hazardous Wastes and their disposal, 1992).

수립된 원칙은 다음과 같다.
1) 비회원국 적용(the principle of non-discrimination)
OECD 국가들은 유해폐기물의 국가 간 이동에 있어서 비회원국
에도 회원국 간의 적용되는 규정을 똑같이 적용한다.

2) 수입국의 동의(the principle of prior informed consent)
폐기물이동은 수입국의 동의 없이 이루어질 수 없다.

3) 수입국의 폐기물 처리시설(The principle of adequacy of disposal facilities)

폐기물의 이동은 수입국에서 충분한 처리시설에 옮겨질 수 있을 때만 허락될 수 있다.

Basel 협약은 이 조약을 비준하지 않은 국가에 대해 폐기물을 수출하는 것을 금지한다.

## 폐기물을 줄이는 방법

우리나라에서 1994년 1.33kg/인이던 가정 폐기물이 2004년 1.03kg/인으로 감소했다. 소각율이 1994년 84%에서 2007년 42%로 감소했다. 따라서 재활용수집이 1994년 15.4%에서 2007년 57%로 증가했다. 재활용산업과 기술이 발전하기 시작하고 처리방법도 변화하기 시작했다.[1] 폐기물이 주요 오염원으로 인간과 환경을 위협하므로 폐기물 관리정책에서 지자체 처리 체계를 도입하고 폐기물수집에서 폐기물 처리에 재사용과 폐기물 감소의 목표로 전환한 결과이다. 자동차와 재활산업체들이 재사용을 위해 노력하고 있다.

### ■ 재사용(reuse)

영국 멀시사이드에 있는 프레질링사(Fledgling Chemical com)는 유해한 수소 염화물(hydrogen chloride) 폐기물로 표백제(chlorine)를 생

---

1) The Volume Based Waste Fee System of Korea, 2012 Asian Institute for Energy, Environment and Sustainability (AIEES), Some Success Stories of Korean Environmental Policies: Waste Reduction and Recycling by the Ministry of Environment Republic of Korea,

산하기 시작했다 이는 폐기물이 주변 농경지에 영향을 미쳐 법적인 문제가 발생할 수 있음을 고려한 것이다. 니콜라스 오토사(Nicolas Otto)는 정유과정에서 나오는 폐기물을 가스화 시켜 기계의 피스톤을 돌리도록 유도했다. 이러한 사례들은 폐기물의 처리비용을 줄이고 경제성을 높이려는 시도이다. 유해폐기물을 발달된 기술력으로 잠재 자원화 하는 것을 보여준다.

개발도상국의 재생산업의 사례를 보면 플라시틱을 폐기물로 용기를 만드는 공정, 알루미늄을 추출해서 사용하는 공정 등이다. 재생되는 원료의 양을 증가시키기 위해서는 재생공장과 시설, 재생품이 유통되는 시장규모 또는 재생에 관련된 법규가 뒷받침되어야 한다.

캐나다 토론토에서 도시 내 시가지에서는 신문 판매를 금지시켰다. 배달에 의해 공급하고 특정요일에 가정에서 모아진 신문지를 수거하여 도시 내의 쓰레기 양을 줄이고 재생할 수 있도록 하기 위한 조치였으며 폐신문지의 수집양을 늘리는 효과를 가져왔다. 신문용지는 50%의 재생용지 사용을 의무화했다. 포장용지문제에 세금을 부과하는 문제로 접근하고 있다. 생산비용에 쓰레기 처리비용을 연계시키는 방안이다. 유리병의 경우는 수집을 늘리기 위해 소매가에 병을 돌려주면 되돌려 받는 액수를 포함시킴으로 선진국의 유리병 회수율이 증가하여 30~50% 이상을 보인다.


### ■ 자원재활용(recycling)과 자원회수(resources recovery)

폐타이어는 분말화하여 표면재질로 사용할 수 있다. 폐전지, 폐자동차에서 금속을 회수하여 자원화할 수 있고, 플라스틱, 고무 등의 폐기물은 매립하면 환경부하가 큰 물질이므로 효과적으로 분류, 정제하여 물질을 회수하고 제품의 원료나 연료로 사용할 수 있다. 우리나라에서 페플라스틱이 400만 톤/년 나오는데 재활용률은 20%에 그치고 있다.[2] 소각하면 다이옥신 같은 유해가스가 발생하므로 재활용을 통해 자원화하는 기술발전을 장려해야 한다.

폐수를 비료로 활용하거나 금속성분을 폐기물로부터 추출 활용하는 것은 매립공간을 절약할 수 있고 소각으로부터 오는 환경적 부하도 줄일 수 있다.


■ **청정생산**(cleaner production)

상품의 생산과정에서 원료, 물질추출, 상품생산, 폐기물화 단계별로 쓰레기로 나올 수 있는 양을 줄이고 폐기물의 이용을 적극적으로 검토하여 전체적인 쓰레기양을 줄이는 생산방법이다.

국제사회는 환경과 경제를 동시에 고려하는, 생태 사회적 측면을 통합적으로 어우르는 자원의 순환적 이용을 중요시하고 있다. 원활한 자원 순환형 사회구축으로 쾌적한 환경을 만들어 지속적이고 건강한 삶을 누리도록 노력해야 한다.

---

2) 이강인, 2006, 자원순환사회구축과 지속가능한 발전, '정밀화학'

Part 13

# 수질오염

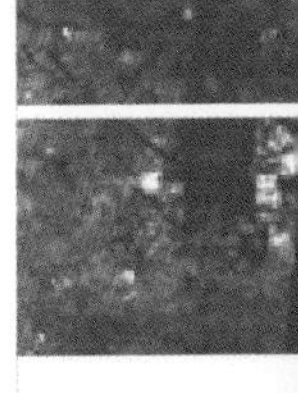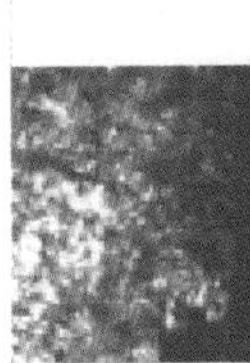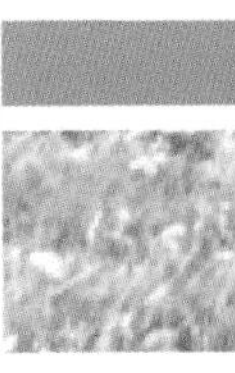

수질오염은 직간접적으로 인간의 건강과 생활환경의 수준을 저하시켜 피해를 발생시킬 수 있는 상태로 물의 질이 낮아진 것을 의미한다.

19세기 후반 런던에서 처리되지 않은 하수를 탬스강에 다량으로 방류하면서 오염이 보고되었다. 1876년 하천오염방지법이 공포되고 수질보전을 위한 노력이 계속되었다. 산업화가 진행되는 국가들은 공장폐수, 도시폐수에 의해 자연수역이 오염되기 시작했다. 1972년 인간환경문제에 관한 유엔 스톡홀름회의에서 수질문제가 거론되었다. 우리나라도 1960년대 말부터 주요하천과 연안의 수질오염이 보고되었다. 수질 등급을 나누는 기준은 BOD(생물학적 산소요구량), COD(화학적산소요구량), DO(용존산소량) 수소이온농도, 부유물질량, 총인, 총질소, 대장균군, 총 유기탄소량 등이다.

## 수질오염개선

하수처리를 개선함에 따라 수질은 빠른 속도로 개선될 수 있다. 하수 처리는 하수관거 보급률(우리나라는 90%)과 하수처리율로 나뉘는데 하수가 하수처리장에서 처리되고 나서 강으로 들어가는 비율을 말한다. 아래 자료(그림 1)에 의하면 오사카에서 하수 처리를 받는 인구가 증가하면서(1975년) 수질오염은 개선된 것을 알 수 있다.

급속한 인구증가와 산업화로 지구환경이 점차 자정능력을 상실하고 있다. 이러한 인구증가 때문에 농경지면적이 확대되고 과도한 비료사용과 함께 폐기물과 생활하수도 증가하므로 지구상에서 사용가능한 담수자원이 급속도로 감소하고 있다.

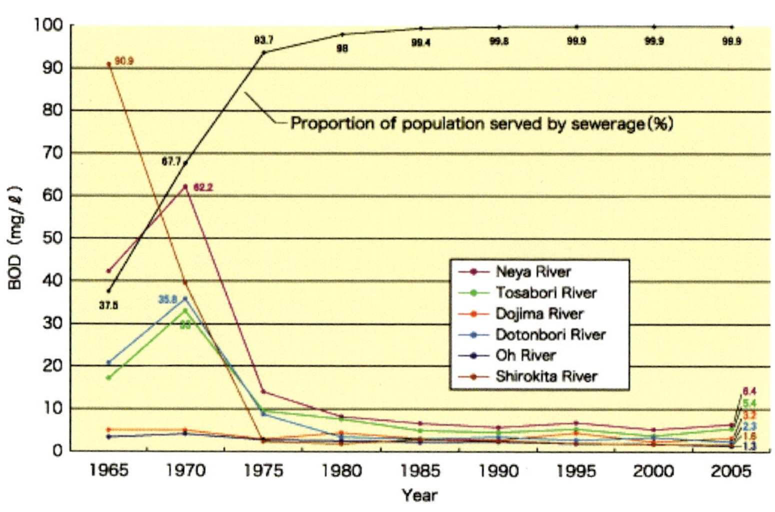


그림 1. 오사카시의 하수처리와 수질개선

생활수준의 향상으로 수질환경에 대한 주민들의 관심 때문에 대부분의 특정 유해물질과 일반 오염물질을 처리하고 있지만 호수나 해안의 부영양화를 야기하는 영양염류는 일부 선진국에서만 처리하고 있다. 그러나 이러한 영양염류도 생활하수 또는 산업폐수 등 점오염원만 처리하고 농·축산폐수, 지하수 등과 같은 비점오염원은 처리하지 못하고 있는 실정이다.

최근에 일부 선진국에서는 이러한 비점오염원을 저감시키기 위해 농업보조금제도를 시행하고 있다.

## 물 발자국(water foootprint)

인간의 활동은 많은 양의 물을 소모하고 오염시킨다. 물의 소비와 오염이 어떤 공동체들이 소비한 물의 양과 다양한 소비자 물품에 숨겨진 물 소비를 시각화하려는 시도이다. 물 발자국은 직간접적으로 재화나 용역을 생산하는 데 국민이 소비하는 물의 총량을 말한다.[1] 한 나라의 물발자국은 국가에 거주하는 사람들이 소비하는 상품과 서비스를 생산하는 데 필요한 물의 양이다. 생산과 관련된 물 사용량과 소비적 관점을 추가한 것이다.

물의 소비량과 오염량을 측정하는 최선의 방법은 물 발자국이다. 물발자국은 시공간적 물 사용에 관한 정확한 정보를 제공함으로 이를 근거로 공평한 물 사용에 관한 연구가 가능하다. 물 사용에 관한 부가가치 측정이 가능하며 동일한 양의 물을 보다 효율적으로 사용할 수 있게 해준다. 예를 들어 물 부족국가는 농업용수를 공업용수로 전환하여 농작물을 수입한다. 자국의 농산물 재배자들에게 물발자국이 적은 농작물 재배를 권장한다. 기업공정에서 물 발자국이나 제품의 물 발자국을 면밀히 검토한 후 생산, 소비, 폐기하고 이 폐기물이 재생되는데 있어 지속적으로 필요한 토지와 물의 면적이 얼마가 되는지를 측정하는 것이다.

## 수질오염 물질의 종류

### ■ 분해성 유기 물질

유기 물질은 탄소를 비롯한 여러 가지 원소로 구성된 물질을 말한다. 이런 물질이 물에 들어가면 미생물에 의해 분해되고 물 속의 산

---

1) Hoekstra,A.Y. and Chapagnain,A.K.,2008, globalization of water: sharing the Planet's freshwater resources, Oxford, p.11

소를 소모시키며 나아가 산소가 없어지면 메탄, 황화수소 등의 냄새가 나는 가스가 나오기도 한다. 가정에서 버려지는 음식 찌꺼기, 분뇨, 쓰레기와 축사에서 흘러나오는 폐수가 그 대표적인 예이다.

### ■ 합성 세제

거의 모든 가정에서 사용되고 있는 합성 세제가 수질 오염의 주범이라는 사실은 널리 알려져 있다. 이 합성 세제는 원래 독일에서 패전 후 비누의 원료인 유지를 공급받지 못하자 석유의 추출물로 합성하여 만들어 썼다. 그 후 미국에서 더 개발, 상품화하여 지금은 거의 모든 나라에서 사용되고 있다.

합성 세제는 다른 오염 물질과는 달리 물에 녹은 상태에서 미생물에 의한 분해가 어렵고 물 위에 거품이 생기게 되어 산소가 물 속으로 녹아 들어갈 수 없게 될 뿐 아니라 햇빛을 차단시켜 플랑크톤의 정상적인 번식을 방해하는 등 물을 오염시키기도 한다. 또 여기에 세척력을 높이기 위하여 넣는 '인'은 인산염이 되어 부영양화 현상을 일으켜 물을 썩게 한다. 이 때문에 각국에서 인의 사용을 규제하고 있어 '무린세제'가 나오게 되었다.

지금은 분해가 잘 된다는 식물성 세제가 널리 사용되고 있으나 물의 오염 시비는 여전하다. 주택가나 아파트 단지 인근의 하천에서 흔히 볼 수 있는 거품의 원인이 바로 이 합성 세제이다. 합성 세제의 지나친 사용은 물고기는 물론 미생물도 살지 못하는 죽음의 하천을 만드는 것이다.

## ■ 중금속

중금속은 금속 중에서 그 비중이 4.0 이상인 것을 말한다. 중금속 가운데 독성이 강한 것으로는 카드뮴, 수은, 크롬, 구리, 납, 니켈, 아연, 비소 등이다. 이렇게 해로운 중금속은 공장 폐수, 산업 폐기물, 쓰레기 매립장 등에서 하천으로 흘러들어온다.

중금속은 동식물의 체내에 농축되어 있기 때문에 동식물을 섭취하는 인간의 건강에도 크게 영향을 미치게 된다. 일본에서 발생했던 그 유명한 '이타이이타이병'은 카드뮴에 오염된 어패류를 먹은 사람에게서 발생되었고, 미나마타병은 수은에 오염된 어패류를 먹은 어민들에게서 발생했다. 산업의 발전으로 유해 중금속은 계속 증가되고 있다.

## ■ 유독물질

사람이나 가축에 대해 독성이 심하여 아주 적은 양으로도 해를 끼치는 화학 물질을 말한다. 우리나라에서 사용되고 있는 화학 물질은 대략 1만여 종이다. 이런 화학 물질은 인간 생활에 이로움을 주기 위하여 만들어지고 있으나, 이것들이 유출되어 물을 오염시키고 오염된 물을 사람이 마시게 되면 건강에 치명적인 피해를 줄 수도 있는 것이다.

옛날에는 콜레라, 장티푸스 등의 수인성 전염병의 병원균에 의한 오염이 문제가 되었으나 이제는 유독성 화학 물질에 의한 오염이 큰 문제로 나타나고 있다.

### ■ 유류

석유 등의 유류는 비중이 물보다 낮아 수면에 유막이 만들어지는데, 1cc의 기름은 약 1,000의 유막을 형성한다. 유막이 형성되면 빛의 투과율을 감소시켜 물 속에 녹아 있는 산소의 양을 감소시켜 어패류의 호흡에 지장을 주며 기름 냄새가 어패류의 상품 가치를 떨어뜨린다. 하천 부근에서 세차를 하는 경우 수질 오염이 될 수 있기 때문에 이제는 법적으로 규제하고 있다. 때로는 저수지 부근에서 유조차가 뒤집히거나 송유관에서 기름이 흘러나와 기름이 저수지에 흘러 물의를 일으키기도 한다.

이런 상황에 대비하기 위하여 각 댐 관리 사무소에서는 유막의 확산을 방지하고 기름을 제거하기 위하여 기름 확산 차단막과 기름 유착제를 준비하여 만약의 사태에 대비하고 있다.


### ■ 영양 염료

식물의 생장에 필요한 영양소를 제공해 주는 염류로 암모니아, 질산염, 아질산염, 인산염 등이 있다. 이러한 영양 염료가 적당히 있어야 하나 집에서 버리는 물이나 논밭에서 비료가 섞인 물이 하천이나 호수에 흘러들어오면 플랑크톤이 아주 많이 번성하여 물을 오염시킨다. 이때는 물의 빛깔이 검붉게 변하고 썩은 냄새가 나기도 한다. 이런 물을 정수하기 위해서는 처리 비용이 많이 들 뿐만 아니라 기분 나쁜 냄새가 나는 경우도 생기게 된다. 물에 영양이 지나치게 많이 생겨 이와 같은 현상을 부영양화 현상이라 한다.

Part **14**

# 대기오염

# 대기오염 배출원

오염된 공기에 대해 세계보건기구는 다음과 같이 정의한다.[1]

"대기 중에 인위적으로 배출된 오염물질이 존재하여 오염물량의 농도 및 지속시간이 어떤 지역주민의 불특정 다수인에게 불쾌감을 일으키거나 해당지역에 공중 보건상 해를 끼치고 인간이나 식물 동물의 생활에 해를 주어 도시민의 생활과 재산을 수송할 정당한 권리를 방해받는 상태"

오염된 공기는 정상적인 상태의 공기가 아니며 오염물질이 배출된 결과이다. 또한 오염물질의 양, 농도, 지속시간이 다수인에게 불쾌감을 줄 경우에 해당된다. 따라서 인간이나 동식물에 유해하며 이어서 생태계변화를 초래한다.

고정 배출원과 이동 배출원으로 분류된다. 다시 고정배출원은 난방, 취사의 점배출원과 난방시설물이 모인 지역 배출원으로 세분된다. 이동 배출원에는 자동차, 선박, 항공기가 있다.

# 대기오염물질

## ■ 입자성물질

물질의 파쇄, 선별, 퇴적, 기계적 처리, 또는 연소, 합성, 분해 시에 발생하는 고체상 미세한 물질이다. 0.1 micro미터 이하의 입자물질은 불규칙하게 운동하며 연소과정에서 발생한다. 빛을 분산과 시

---

1) WHO.

야를 방해하여 광화학적 에어로졸(photochemical aeosols)이 된다.

**표 1. 입자크기별 분류**

| | |
|---|---|
| 1-10 micro m | 침정, 빛의 분산, 시야를 방해(흙먼지, 산업체미세먼지) |
| 10 micro m 이상 | 침정이 용이하여 대기 중에 단기간 체류 |
| 0.5-5.0 micro m | 혈관, 임파선 내 침입, 폐장침착비율이 높음. |
| 5 micro m 이상 | 인후, 기관지점막에 침착 후 인체분비물과 함께 배출 |

대부분의 먼지(dustfall)는 코나 기관지에서 걸러지나 석면 등은 호흡 기능의 저하나 폐질환을 일으킬 가능성이 있으며 미세 부유먼지(10 micrometer particle matter PM10)는 폐 깊숙이 흡입되어 진폐증에 걸릴 위험이 있다.


### ■ 가스상 물질

물질을 연소하거나 또는 합성과 분해 시에 발생한다.

일산화탄소는 무색, 무미, 무취의 가스다. 탄소화합물이 불 완전연소시 발생한다. 주택난방과 연탄의 불완전연소, 교통기관에서 배출될 수 있다.

일산화탄소가 혈액속의 헤모글로빈과 반응하여 산소를 공급하는 능력을 감소시키며(산소보다 210배 강하게 결합) 두통, 현기증, 권태, 구토, 호흡곤란, 근유이완, 졸도를 일으킨다. 자동차 운행 시 감속, 가속할 때 불완전연소가 되면 발생한다. 헤모글로빈이 산소를 운반하는 기능을 담당하는데 일산화탄소는 산소보다 헤모글로빈과의 결합력이크므로 일산화탄소가 헤모글로빈의 산소전달을 방해하여 가스중독을 일으킨다.

### ■ 이산화황(아황산가스)

SO $SO_2$은 황이 연소될 때 발생하는 무색의 자극성기체이다. 대기오염물질 중 가장 강한 독성이 있다. 오염물질에 노출되면 호흡기를 자극하고 기관지를 수축하여 기도저항을 일으킨다. 생산지에 따라 다르지만 석탄과 석유에는 황을 함유한다(0.1∼8%). 따라서 화력발전소, 차량, 난방, 정유공장에서 아황산가스의 배출이 발생한다. 저유황유를 사용하면 이산화황 발생 감소시킬 수 있다. 피해는 염록소파괴, 잎에 반점, 인간의 호흡기질환 등이다. 기공에 유입된 경우 식생조직파괴, 수분상실로 인해 황갈색으로 변색을 일으킨다.

### ■ 탄화수소

탄소와 수소의 화합물(메탄가스)로 동식물부패과정에서 자연적으로 발생하거나 연료가 불완전연소되었을 때 발생한다(자동차의 배기가스). 또한 연료 또는 용제의 증발에 의해 발생하기도 한다. 산화에 의해 알데히드를 생성하여 눈, 점막, 피부 등을 자극하고 탄화수소가 태양관선과 반응하면서 오존을 형성하여 스모그가 발생한다.

### ■ 질소산화물

연료 중에 질소성분이 산화하거나 고온의 연소과정에서 대기 중의 질소가 산화함으로써 생성된다($NO$, $NOx$, $N_2$, $O_3$, $N_2$, $O_4$). 광화학적 순환으로 다른 물질과 결합하여 2차 오염물질을 생성하기도 한다. 적갈색의 자극성 냄새가 나는 유독기체이며 질소산화물은 연소온도가 높을수록 많이 생성된다.

식물은 25ppm에서 급성피해를 입고 인체는 코를 강하게 자극하며 500ppm 이상일 때 폐수종, 기관지염, 폐염을 일으킬 수 있다. 자동차가 주 배출원이며 대기 중에서 탄화수소와 함께 광화학반응에 의하여 광화학스모그를 발생시킨다.


### ■ 옥시단트(Ox)

2차 오염물질 생성되는 산화성 물질이다. 배출원에서 1차 대기오염물질이 배출된 후 다른 물질이 대기 중에서 반응하여 2차 대기오염물질이 만들어진다. 대기 중에서 질소산화물과 탄화수소가 광화학반응을 일으켜서 생성된다. 오존도 자극성 갖는 오염물질로 다른 대기오염물질 생성할 수 있다.


## 주요 대기오염 사건


### ■ 벨기에 뮤즈밸리(Meuse valley) 사건

1930년 12월 1일 벨기에서 화력발전소, 제련공장, 가스공장이 위치한 뮤즈계곡(깊이 100m, 길이 25Km)에 안개가 끼어있었고 기상조건은 무풍에 기온역전현상이 3일간 지속되었다. 4일 동안 63명이 사망했고, 수천 명의 환자가 발생하여 심장, 만성질환자의 피해가 컸다.


### ■ 미국의 도노라(Donora) 사건

펜실베니아주 동부계곡에 철 생산과 석탄가공공장이 모여 있다. 1948년 10월 인근의 스모그가 형성되어(아황산가스, 질소 산화물) 4일간 지속되었으며 20명이 사망하고 6,000명의 호흡기질환자가 발생했다.

### ■ 멕시코 로자리카(Roza Rica) 시

멕시코동부에서 1950년 11월 기온역전으로 안개가 발생했다. 가
스공장의 유황가스가 유출되어 1시간 동안 22명이 사망하고, 320명
의 호흡곤란, 점막자극 환자가 발생했다.

### ■ 영국 런던스모그

1952년 12월 온도 10도, 100% 습도를 보이는 날씨였다. 석탄연소
에 의한 황산화물과 분진이 배출되었다. 안개와 무풍으로 대기 순환
이 없었으며 매연의 농도는 평상시의 5배, 이산화황의 농도는 평상
시의 6배에 달했다. 이산화황에 의한 산성안개가 치명적 피해를 일
으켰다. 비슷한 기상상태는 5일간 지속되어 4,000여 명이 사망하고
다시 2달 후 8,000여 명이 사망했다.

### ■ 미국의 로스엔젤레스(Los Angeles smog)

1954년 이후 빈발하였으며 인구증가에 따른 차량배기가스의 증가
와 지형적 특성(대기 순환이 어려운), 정체된 대기의 기상조건이 스
모그의 발생을 기록했다. 석유계연료에 의해 발생하여 눈, 코, 기관
지를 자극하는 피해를 가져왔다. 주정부는 대기오염방지법을 제정하
고 자동차의 배출가스 농도기준을 설정하고 자동차에 배기가스 조
절장치를 부착하도록 하여 스모그 발생이 감소했다.

## 실내공기 오염

가정과 사무실, 작업장에서도 공기 오염은 발생한다. 열효율을 높

이기 위한 건축재료사용과 흡연, 유기용제, 연소가스가 원인이 된다. 가스상 물질은 암과심장질환을 일으키고 입자상 오염물질들은 기관지염, 폐기종 등 호흡기질환을 일으킬 수 있다. 건축 재료는 포름알데히드, 라돈가스, 단열재(석면가루)가 오염원이 될 수 있고 담배흡연자가 내뿜는 연기와 담배가 타는 연기에서 43종의 발암물질, 4,700종의 오염물질이 배출된다. LPG 연료를 사용할 때는 자주 환기를 하여 신선한 공기로 유지시키는 것이 좋다.

## 한국의 대기오염과 대책

차량증가와 산업시설, 난방시설의 증가는 특히 도시지역의 대기오염을 심화시켰다. 서울에서는 부유분진의 초과일수가 증가하고 스모그 발생일 수의 증가, 산성비와 스모그도 증가했다. 1981년 이후 청정연료사용, 도시가스의 보급 확대, 저황유의 사용으로 대기의 질이 개선되었다(아황산가스 그림 사례).

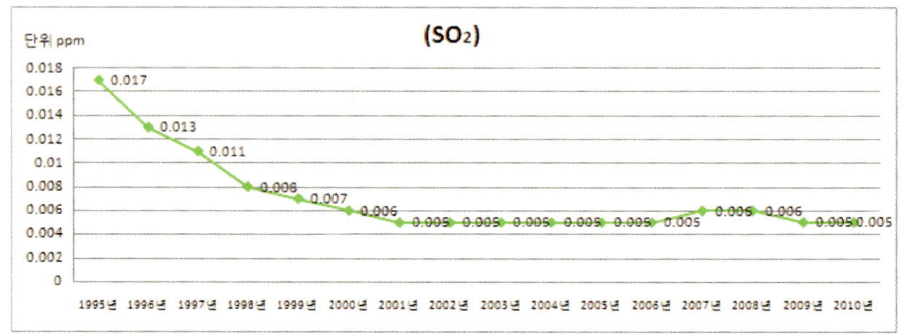


그림 1. 아황산 가스 개선 사례[2]

---

2) 서울특별시 기후환경본부, 2012 서울 대기 질 평가보고서,

아황산가스, 오존, 이산화질소, 일산화탄소, 미세먼지에 관한 측정치를 산출하여 통합대기환경정보를 시민들에게 알리고 있다. 환경부는 대기환경기준을 법으로 제시하고 있다.

표 2. 대기환경기준(환경정책기준법)

| 아황산가스 | 연평균 | 0.02 ppm 이하 |
|---|---|---|
|  | 24시간 | 0.05 |
|  | 1시간 | 0.15 |
| CO | 8시간 | 9 ppm |
|  | 1시간 | 25 ppm |
| NO2 | 연평균 | 0.05 |
|  | 24시간 | 0.08 |
|  | 1시간 | 0.15 |
| 미세먼지 | 연간 | 70 micro g/m$^2$ |
| PM-10 | 24시간 | 150 micro g/m$^2$ |
| O$_3$ | 8시간 | 0.06 ppm |
|  | 1 시간 | 0.1 ppm |
| 납 | 연간 | 0.5 micro g/m$^2$ |

대기오염에 대한 정확한 자료수집이 우선시 되어야 한다. 산업구조는 연료소비율이 적은 산업으로 전환하도록 하며 화석연료를 대체하는 에너지원인 태양열, 조력 등의 청정에너지 비율을 증가시킨다. 유황과 분진을 제거한 후 연소하기 위해 탈황시설, 집진장치를 연소기에 부착한다. 모든 산업시설에 대기오염을 방지할 수 있는 시설을 투자하며 환경기준강화하고 위반할 시에는 단속한다.

# 참고문헌


김용건 외, 2012, 주요국 온실가스 감축정책 동향 및 시사점, 한국환경정책평가연구원

김정인, 김진욱, 2004, 동북아 환경협력: 실상과 허상의 괴리, 대외경제정책연구원

김준호, 2007, 산성비, 서울대학교 출판부

밀브래스 L.W.Milbrath, 2001, 지속가능한 사회- 새로운 환경 패러다임의 이해, 번역 이태건, 노병철, 박지운, 인간사랑

이강인, 2006, 자원순환사회구축과 지속가능한 발전, 정밀화학

이명우 외 번역, 1990, 현대환경론,(The Roots of Modern Environmentalism The Natural Environment: Problems and Management by David Pepper, Routlege 1987) 한길사,

이정호 외, 2005, 터널로 인한 지하수영향저감방안연구, 한국환경정책평가연구원

이현우 외, 2012, 중장기 생물 다양성 전략 추진체계연구, 한국환경정책평가연구원

조준행 외, 2008, 수송부문 온실가스 배출통계체계 구축 및 관리방안, 한국교통연구원

최기련, 박원훈, 2002, 지속가능한 미래를 여는 에너지와 환경, 김영사

황유정, 2010, 교통부문의 온실가스 감축목표달성전략, 한국과학기술정보연구원

한국과학기술정보연구원, 2010, 중국의 재생에너지개발전략

한국과학기술정보연구원, 2011, 후쿠시마 원자력발전소 사고와 방사능 피해 및 사회적 영향

한국과학기술정보연구원, 2010, 저탄소 녹색성장을 위한 온실가스 감축 달성 대책

국토해양부, 환경부, 환경 친화적인 도로건설지침, 2010, 서울특별시 대기환경정보

영남일보, 2000 2월 28일 영남일보, 2000 2월 28일

Associated press march 13, 2007

Frank Biermann and Ingrid Boas. 2008, Protecting Climate Refugees: The Case for a Global Protocol, *Environment and policy for sustainable development,* Nov.-Dev

Chevron Website, geothermal human energy renewable energy for power generation

Collins, 1990, The Last Rain Forests: A World Conservation Atlas, Oxford Univ press

De Koninck 1999, Deforestation in Vietnam, IDRC

Enropean Communities, 2009, Transport and the environment

Environmental Protection Agency website

ftp.fao.org. FAO COUNTRY REPORT

ON THE PRESENT ENVIRONMENTAL SITUATION IN AGRICULTURE-ROMANIA-Luiza Toma Institute for Agricultural Economics, Romanian Academy, Bucharest

Health Effect Institute, 2010, Traffic-Related Air Pollution: A Critical Review of the Literature on Emissions, Exposure, and Health Effects, A Special Report of the HEI Panel on the Health Effects of Traffic-Related Air Pollution January

Hofwegen, P., 2003, Virtual water trade-conscious choices, World Water Council IPCC website

Hoekstra, A.Y., 2003, Virtual water trade, Proceedings of the Inter'l expert meeting on virtual water trade, IHE

Xianglu Han, Luke P. Naeher,2006, A review of traffic-related air pollution exposure assessment studies in the developing world, *Environment International, 32, pp.106~120*

Hoekstra,A.Y. and Chapagnain,A.K.,2008, Globalization of Water: sharing the Planet's freshwater resources, Oxford

Kirby. Alex, 2010, North Korea's environment crisis, BBC News Online environment correspondent

Middleton,N., 1995, Global casino, an introduction to environmental issues, Edward Arnold

Ministry of Environment Republic of Korea, 2012, The Volume Based Waste Fee System of Korea, Some Success Stories of Korean Environmental

Policies: Waste Reduction and Recycling Asian Institute for Energy.

Nolan,B.T.,Ruddy.B.C, Hitt.K.J. and Helsel.D.R., 1988, Nutrients National synthesis project, *Water conditioning and purification*, Vol.39,no.12, 76-79

National renewable energy lab, 2010, Large-Scale Offshore Wind Power in the United States ASSESSMENT OF OPPORTUNITIES AND BARRIERS

New Zealand Geothermal Association, Geothermal Energy and electricity generation.

Pryor, S.C., R.J.Barthelmie, 2010, Climate change impacts on wind energy: A review, *Renewable and Sustainable Energy Reviews*, 14, 430~437

Hassan 1980 Non-point-source nutrient losses to the aquatic environment in Denmark: impact of agriculture

Takahashi, W. 2000, formation of an east asia regime for acid rain control: perspective of comparative regionalism, Int'l review for environmental strategies, Vol.1, No.1 97-117

UNHCR, 2009, *Forced Displacement in the Context of Climate Change: Challenges for States under International Law,*

UN Human Rights Council, 2009, *Report of the Office of the United Nations High Commissioner for Human Rights on the relationship between climate change and human rights,* U.N. Doc. A/HRC/10/61

Upadhyaya,K., 2011, Brief note on Green GNP, Preserve Articles.com

U.N. Int'l year of water cooperation 2013

US Environment Protection Agency, 2010, Pesticides :science and policy

USDA website

UNICEF/WHO, 2004)

Vickers, A., 2001, Handbook of Water Use and Conservation: Homes, Landscapes, Industries, Businesses, Farms, WaterPlow Press WHO 2004

Wang X., F.Chen, Z.Dong, 2006, The relative role of climatic and human factors in desertification in semiarid China, *Global Environmental Change*, 48-57

Wind power engineer and development July 2013

Whitmore, T.C. 1998, An Introduction to Tropical Rain Forests, Oxford Univ. press

World Bank, 2004, World Development Indicators

World bank, 2004, world development indicators

The independent 2010 June, Acid rain: An environmental crisis that disappeared off the radar

Zeitoun, M. and J.Warner, 2007, Water, transboundary water conflicts in the middle east and N. Africa

Zambyn Batjargal, 1997, Desertification in Mongolia *National Agency for Meteorology, Hydrology and Environment Monitoring, Khudaldaany gudamj 5,* Ulaanbaatar 46, Mongolia

Zhao, Xueyong., 1999, Desertification Research in China, Institute of Arid and Cold Regions *Environmental and Engineering Research,* Chinese Academy of Sciences

# 찾아보기


**(ㄱ)**

공공재의 비극  28
관개증가  155
교통 관련 환경효과  129
국제하천  171, 173
기술중심주의  25
기후변화  38, 41~43, 45, 46, 49, 50,
    52, 66, 67, 83, 84, 96, 108, 110,
    135, 193, 195, 197, 200, 201,
    211
기후변화난민  50

**(ㄴ)**

남용론  31
녹색 국민총생산  212, 213
녹색혁명  148~151

**(ㄷ)**

대기오염물질  133, 241, 243, 244

**(ㅁ)**

무소유론  29
무지론  30
물발자국  233
물의 순환  19, 20

**(ㅂ)**

방충제  157~160

배출권거래제  47~50

**(ㅅ)**

사막화  67, 193~202
산사댐  98, 103~105
산성비  22, 93, 113, 118, 152, 179~186,
    246
산성비와 미생물  182
산성비와 삼림  181
생명공학  161
생물 종 다양성 협약  88
생물연료  114, 116, 168
생물자원보유대국  85
생태계의 다양성  79
생태중심주의  24
성장의 한계론  26
수경  162, 163
수질오염  82, 163, 231, 233

**(ㅇ)**

에너지순환  21, 202
에코포인트  214
열대우림  59~61, 63, 64, 66, 67, 72,
    73, 81, 115
온실가스  37~41, 43, 46~50, 66, 67,
    93, 96, 100, 135, 136, 152, 211,
    215, 219
온실효과  37

원자력발전   31, 47, 119
의존이론   30

**(ㅈ)**

자원재활용   225
자원회수   225
재사용   224
재생가능에너지   6, 93
조력발전   116
종 다양성   59~61, 74, 75, 79~81, 84,
       86, 107, 115, 151, 180
종의 멸종   62, 67, 80
지속가능지표   208
지열발전   118

**(ㅊ)**

청정개발체제   49, 102
청정생산   226

**(ㅌ)**

탄소시장   48, 49
태양에너지   43, 80, 93, 101, 112, 113

**(ㅍ)**

폐기물   29, 38, 40, 114, 116, 119,
       120, 129, 136, 163, 207, 219~226,
       231, 235
풍력   101, 108, 109

**(ㅎ)**

혼잡통행료 정책   140
화석에너지   29
환경경제학   209
환경임계점   208
환경체계   22

**황유정**

서울대학교 사회과학대학 지리학과 학사·석사
University of Oregon 박사
한국과학기술정보연구원 전문위원
서울시립대학교 도시과학연구원
국토해양부 국립해양조사원 자문위원
현) 청주대학교 지리교육과 교수


주요 논저
『미국과 캐나다 자연 산업과 도시들』(2010)
『41인의 여성 지리학자, 세계의 틈새를 보다』(공저, 2012)
『자연환경과 인간』(자연지리연구회 공저, 2000)
『고등학교 인간사회와 환경』(교육인적자원부 검정, 공저, 2000)
『고등학교 지리부도』(교육인적자원부 검정, 공저, 2000)
「우리나라 해양경계 획정을 위한 GIS DB 구축 항목선정에 관한 연구」(2008)
「해양경계 획정정비 방안연구」(해양수산부 국립해양조사원, 2007)
「홍수에 의한 침수취약지역 예측에 관한 연구」(2006)
「수치지리정보의 지도제작 동향」(문화역사지리, 2004)
「경기도 자연환경조사 연구보고서」(공동연구, 2003)

# 세계의 **환경**

## 극복해야 할 인류의 과제


**초판발행**  2013년 10월 11일
**초판 2쇄**  2019년 1월 11일

**지은이**  황유정
**펴낸이**  채종준
**펴낸곳**  한국학술정보(주)
**주소**  경기도 파주시 회동길 230 (문발동)
**전화**  031 908 3181(대표)
**팩스**  031 908 3189
**홈페이지**  http://ebook.kstudy.com
**E-mail**  출판사업부 publish@kstudy.com
**등록**  제일산—115호(2000. 6. 19)

ISBN  978-89-268-5291-0 93450